汽车传动系统故障诊断与维修

主　编　鲁学柱　刘　欢

副主编　马　斌　吴明达

复旦大學 出版社

 **前言**

　　随着汽车产业转型升级,社会对汽车专业人才提出了更高要求,为了进一步深化人才培养模式、课程体系和教学内容的改革,不断提高办学质量和教学水平,培养更多能适应时代需要的具有创新能力的高技能、高素质人才已是汽车专业教育的当务之急。

　　目前,先理论后实践的传统教学模式已不能适应技术与社会发展的需要,而使学生在学习性的工作过程中发现问题,再从理论中寻求答案,即理论实践一体化的学习,越来越受到学生和用人单位的欢迎与认可,并得到高职院校的高度重视。

　　本教材秉承立德树人的教学理念,将专业知识和课程思政有机统一,潜移默化地融入课程思政要素,培养学生的职业素养和工匠精神,对树立正确的人生观和价值观起到了引领作用。首先,帮助学生了解每一个学习任务的学习目标,利用这些目标指导自己的学习并评价学习效果;其次,明确学习内容的结构,在任务引导的帮助下,尽量独立地去学习并完成工作任务;再次,在教师与同学的帮助下,通过查阅维修手册等技术资料,学习重要的工作过程;最后,积极参与小组讨论,去尝试解决复杂和综合性问题。

　　本教材共6个学习单元,主要包括汽车传动系统的认识、离合器的诊断与维修、手动变速器的诊断与维修、自动变速器的诊断与维修、万向传动装置的诊断与维修、驱动桥的诊断与维修,对汽车传动系统的故障诊断与维修进行了比较全面系统的概述。各个学习任务包括"任务描述""学习目标""学习准备""计划与实施""评价与反馈"五个教学环节,突出了实用性与可操作性的特点。

　　本教材由济南职业学院鲁学柱担任主编并统稿,其中鲁学柱编写了学习单元二、四、五,马斌编写了学习单元一,吴明达编写了学习单元三,刘欢编写了学习单元六。

　　由于编者的精力与水平有限,教材内容难以覆盖各个教学单位的实际情况,在积极推广教材的同时,我们会注重总结经验,同时欢迎读者提出修改意见与建议,以便再版修订时改正。

编者

2024 年 6 月

目录

学习单元一　汽车传动系统的认识 ⋯⋯⋯⋯⋯⋯⋯⋯⋯⋯⋯⋯⋯⋯⋯⋯⋯⋯⋯⋯⋯ 001

　　学习任务 1　汽车传动系统的功用与组成认识 ⋯⋯⋯⋯⋯⋯⋯⋯⋯⋯⋯ 002

　　学习任务 2　汽车传动系统的布置形式认识 ⋯⋯⋯⋯⋯⋯⋯⋯⋯⋯⋯⋯ 007

　　学习任务 3　汽车传动系统的技术发展认识 ⋯⋯⋯⋯⋯⋯⋯⋯⋯⋯⋯⋯ 014

学习单元二　离合器的诊断与维修 ⋯⋯⋯⋯⋯⋯⋯⋯⋯⋯⋯⋯⋯⋯⋯⋯⋯⋯⋯⋯⋯ 019

　　学习任务 1　离合器的维护 ⋯⋯⋯⋯⋯⋯⋯⋯⋯⋯⋯⋯⋯⋯⋯⋯⋯⋯⋯⋯ 020

　　学习任务 2　离合器的检修 ⋯⋯⋯⋯⋯⋯⋯⋯⋯⋯⋯⋯⋯⋯⋯⋯⋯⋯⋯⋯ 027

　　学习任务 3　离合器常见故障的诊断 ⋯⋯⋯⋯⋯⋯⋯⋯⋯⋯⋯⋯⋯⋯⋯⋯ 031

学习单元三　手动变速器的诊断与维修 ⋯⋯⋯⋯⋯⋯⋯⋯⋯⋯⋯⋯⋯⋯⋯⋯⋯⋯⋯ 039

　　学习任务 1　手动变速器的功用与组成认知 ⋯⋯⋯⋯⋯⋯⋯⋯⋯⋯⋯⋯ 040

　　学习任务 2　手动变速器的工作原理认知 ⋯⋯⋯⋯⋯⋯⋯⋯⋯⋯⋯⋯⋯⋯ 045

　　学习任务 3　手动变速器的拆装 ⋯⋯⋯⋯⋯⋯⋯⋯⋯⋯⋯⋯⋯⋯⋯⋯⋯⋯ 053

　　学习任务 4　手动变速器常见故障的检修 ⋯⋯⋯⋯⋯⋯⋯⋯⋯⋯⋯⋯⋯⋯ 058

学习单元四　自动变速器的诊断与维修 ⋯⋯⋯⋯⋯⋯⋯⋯⋯⋯⋯⋯⋯⋯⋯⋯⋯⋯⋯ 067

　　学习任务 1　自动变速器的结构认知与使用 ⋯⋯⋯⋯⋯⋯⋯⋯⋯⋯⋯⋯ 068

　　学习任务 2　自动变速器的拆卸、分解和组装 ⋯⋯⋯⋯⋯⋯⋯⋯⋯⋯⋯ 074

　　学习任务 3　自动变速器常见故障的诊断与排除 ⋯⋯⋯⋯⋯⋯⋯⋯⋯⋯ 089

学习单元五　万向传动装置的诊断与维修 ⋯⋯⋯⋯⋯⋯⋯⋯⋯⋯⋯⋯⋯⋯⋯⋯⋯⋯ 097

　　学习任务 1　万向传动装置的功用与组成 ⋯⋯⋯⋯⋯⋯⋯⋯⋯⋯⋯⋯⋯⋯ 098

　　学习任务 2　万向传动装置的拆装 ⋯⋯⋯⋯⋯⋯⋯⋯⋯⋯⋯⋯⋯⋯⋯⋯⋯ 106

　　学习任务 3　万向传动装置的维修与保养 ⋯⋯⋯⋯⋯⋯⋯⋯⋯⋯⋯⋯⋯⋯ 110

学习单元六　驱动桥的诊断与维修 ⋯⋯⋯⋯⋯⋯⋯⋯⋯⋯⋯⋯⋯⋯⋯⋯⋯⋯⋯⋯⋯ 117

　　学习任务 1　驱动桥的功用与组成 ⋯⋯⋯⋯⋯⋯⋯⋯⋯⋯⋯⋯⋯⋯⋯⋯⋯ 118

学习任务 2　驱动桥主要零部件的结构与作用 ————————————— 123

学习任务 3　驱动桥的维修 ——————————————————————— 129

参考文献 ————————————————————————————————— 135

学习单元一 汽车传动系统的认识

　　本单元学习汽车传动系统的知识。汽车传动系统是汽车底盘上一个很重要的系统,通过本单元的学习,学生应熟练掌握汽车传动系统的功用与组成、布置形式、技术发展等知识,能正确地在常见车辆上找到汽车传动系统的各个部件,并讲述各个部件的作用。

本单元的学习任务可以分为
学习任务 1:汽车传动系统的功用与组成认识;
学习任务 2:汽车传动系统的布置形式认识;
学习任务 3:汽车传动系统的技术发展认识。

学习任务 1 汽车传动系统的功用与组成认识

任务描述

汽车实训基地接到大一新生参观汽车底盘实训车间的任务,请你结合上海大众桑塔纳1.6型轿车,准确讲述该车传动系统的组成、动力传递路线,并辨识汽车传动系统各个部件。

学习目标

学习任务	知识目标	技能目标	素养目标	思政目标
汽车传动系统的功用与组成认识	1. 掌握汽车传动系统的组成; 2. 掌握汽车传动系统各部件的功用	1. 能够熟练辨识汽车传动系统各部件; 2. 能够正确讲解汽车传动系统各部件的功用	1. 具有良好的职业道德和职业素养; 2. 具备良好的沟通能力和解决新问题的能力	1. 树立生命至上,安全第一意识; 2. 培养学生对汽车知识学习的兴趣,激发学习动力

建议学时:2学时。

学习准备

一、知识准备

1. 汽车传动系统的功用

(1)减速增矩:发动机输出的动力具有转速高、转矩小的特点,无法满足汽车行驶的基本需要,通过传动系统的主减速器,可以达到减速增矩的目的,即传给驱动轮的动力比发动机输出的动力转速低,转矩大。

(2)变速变矩:发动机的最佳工作转速范围很小,但汽车行驶的速度和需要克服的阻力却在很大范围内变化,通过传动系统的变速器,可以在发动机工作范围变化不大的情况下,满足汽车行驶速度变化大和克服各种行驶阻力的需要。

(3)实现汽车倒车:发动机不能反转,但汽车除了前进外,还要倒车,在变速器中设置倒挡,汽车就可以实现倒车。

(4)需要时中断动力传递:启动发动机、换挡过程中、行驶途中短时间停车(如等候交通信号灯)、汽车低速滑行等情况下,都需要中断传动系统的动力传递,利用变速器的空挡可以中断动力传递。

(5)差速功能:在汽车转向等情况下,需要两驱动轮能以不同转速转动,通过驱动桥中的差速器可以实现差速功能。

2. 汽车传动系统的组成

（1）机械式传动系统主要由离合器、变速器、万向传动装置和驱动桥组成。其中万向传动装置由万向节和传动轴组成,驱动桥由主减速器和差速器组成（图 1-1-1）。

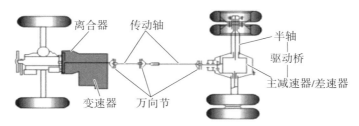

图 1-1-1 机械式传动系统

（2）液力机械式传动系统主要由液力变矩器、自动变速器、万向传动装置和驱动桥组成（图 1-1-2、图 1-1-3）。

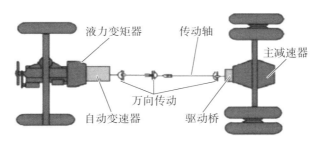

图 1-1-2 液力机械式传动系统

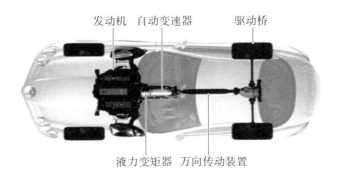

图 1-1-3 液力机械式传动系统组成与布置示意图

（3）液压机械式传动系统主要由离合器、油泵、控制阀、液压马达、油管、驱动桥组成（图 1-1-4）。

（4）混合式电动汽车电传动系统主要由离合器、发电机、控制器、电动机、驱动桥、导线组成（图 1-1-5）。

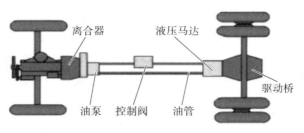

图 1-1-4　液压机械式传动系统

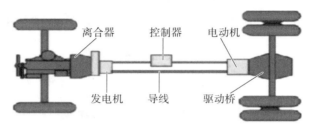

图 1-1-5　混合式电动汽车电传动系统

二、工作场所

理实一体化教室或汽车实训室。

三、工作器材

上海大众桑塔纳汽车 4 辆,整车解剖教具、汽车传动系统各种实物配件等。

计划与实施

1. **现场认识**　现场认识任务描述中的汽车传动系统各个部件。

2. **分组学习并回答问题**　在教师的引导下分组,以小组为单位学习相关知识,并回答下列问题。

(1) 汽车传动系统的功用。

(2) 在图 1-1-6 中标识汽车传动系统的主要组成部件。

图 1-1-6　汽车传动系统的组成图

3. **分组学习并填表**　在教师的引导下，以小组为单位学习相关技能，并填写传动系统各部件安装位置。

离合器	
变速器	
万向传动装置	
驱动桥	

评价与反馈

1. **反思性问题**　指出下列各部件名称，并口述其主要作用。

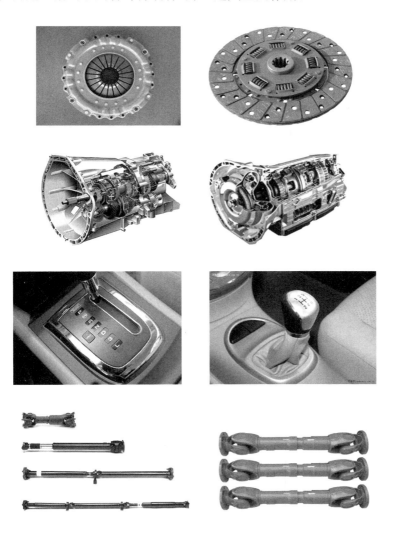

2. 拓展性问题　请查阅相关资料,离合器、变速器、驱动桥分别有几种类型?

3. 操作技能考核　见表 1-1-1。

表 1-1-1　活动评价表

班级:	组别:	姓名:	学号:		
项目	评价内容	评价指标			
		自评	互评	教师评价	
关键能力考核项目（30%）	遵守纪律、遵守学习场所管理规定,服从安排(5分)				
	具有安全意识、责任意识、8S 管理意识,注重节约、节能环保(5分)				
	学习态度积极主动,能参加实习安排的活动(7分)				
	注重团队合作与沟通,能自主学习及相互协作(8分)				
	仪容仪表符合活动要求(5分)				
专业能力考核项目（70%）	按要求独立完成工作页(40分)				
	工具、设备选择得当,使用符合技术要求(10分)				
	操作规范,符合要求(5分)				
	学习准备充分、齐全(10分)				
	注重工作效率与工作质量(5分)				
总分					
小组评语		组长签名:　　年　月　日			
教师评语		教师签名:　　年　月　日			

任务描述

汽车实训基地接到大一新生参观汽车底盘实训车间的任务,请你结合上海大众桑塔纳1.6型轿车,准确讲述该车传动系统的布置形式,并分析该汽车传动系统布置形式的优缺点。

学习目标

学习任务	知识目标	技能目标	素养目标	思政目标
汽车传动系统的布置形式认识	1. 熟悉汽车传动系统的布置形式; 2. 掌握汽车传动系统不同布置形式的优缺点	1. 能够熟练辨识汽车传动系统的布置形式; 2. 能够正确讲解汽车传动系统不同布置形式的优缺点	1. 具有良好的职业道德和职业素养; 2. 具有责任意识、注重节约、节能环保	1. 树立安全第一意识; 2. 培养学生在学习过程中学一行,爱一行

建议学时:2学时。

学习准备

一、知识准备

汽车传动系统分为机械式、液力式、电力式。此处介绍这三种汽车传动系统的布置形式及其优缺点。

1. 机械式汽车传动系统的布置形式

(1) FR:前置后驱——发动机前置、后轮驱动,主要应用在载货汽车上,部分轿车和客车也有应用(图1-2-1)。

优点:维修发动机方便,离合器、变速器的操纵机构简单,满载时动力性更好、前后轮的轴荷分配较为合理。

缺点:需要一根较长的传动轴,这不仅增加了整车质量,还影响汽车传动系统的效率。

应用:载货汽车,部分轿车和客车,如红旗7560、广州标志、伏尔加、日产公爵、丰田皇冠、丰田凌志等。

图 1-2-1　宝马轿车的前置后驱动布置方案

（2）FF：前置前驱——发动机前置、前轮驱动，广泛应用于微型和中型轿车，中高级轿车上应用也日益渐多（图1-2-2）。

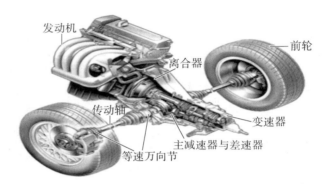

图 1-2-2　帕萨特轿车传动系统的组成与布置

优点：省去了 FR 中变速器和驱动桥之间的万向节和传动轴，使车身底板高度降低，有助于提高乘坐舒适度和高速行驶的稳定性。因为整个传动系统集中在汽车前部，其操纵机构比较简单。

缺点：结构较为复杂；前轮寿命较短；爬坡能力相对较差。

（3）RR：后置后驱——发动机后置、后轮驱动，在大中型客车上多采用这种布置形式（图1-2-3）。

图 1-2-3　发动机后置、后轮驱动图

优点:前后轴易获得合理的轴荷分配;车内噪声低,空间利用率高,行李厢体积大。

缺点:发动机冷却散热条件差,行驶中的某些故障不易被驾驶员察觉。远距离操纵也使操纵机构变得复杂、维修调整不便。

应用:微型和中型轿车(广泛应用),中高级和高级轿车(应用日渐增多)。采用发动机前纵置、前轮驱动的传动系统布置形式的,如一汽奥迪、上海桑塔纳、天津夏利等轿车。采用发动机前横置、前轮驱动的传动系统布置形式的,如福特探索、丰田卡雷娜、丰田塞利卡、丰田佳美、日产千里马、本田雅阁等轿车。

(4) MR:发动机中置后驱动(图1-2-4、图1-2-5)。

图1-2-4　发动机中置、后轮驱动图

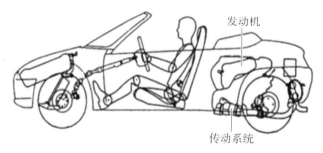

图1-2-5　中置后驱动传动系统布置示意图

优点:可获得最佳的轴荷分配;空间利用率较高。

缺点:操纵距离较长,操纵机构比较复杂。

应用:适用于跑车、方程式赛车、大中型客车。

(5) nWD:全轮驱动方案(图1-2-6、图1-2-7)。

优点:获得最大的地面附着条件。

缺点:结构复杂;成本高;重量大。

应用:主要用于越野车及重型货车。

2. 液力式传动系统布置形式　液力式传动系统(图1-2-8、图1-2-9)分为动液式和静液式。

动液式:利用液体介质在主动元件和从动元件之间循环流动过程中动能的变化来传递动力。其特点是组合运用液力传动和机械传动,液力传动装置串联一个有级式机械变速

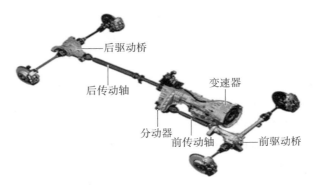

图 1-2-6　保时捷凯宴汽车四轮驱动传动系统示意图

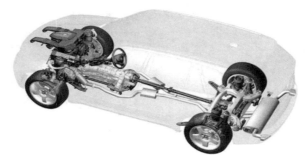

图 1-2-7　汽车四轮驱动传动系统示意图

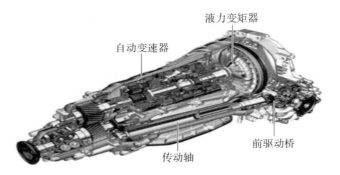

图 1-2-8　液力机械式传动系统组成

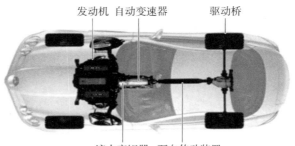

图 1-2-9　液力机械式传动系统的组成及布置示意图

器。缺点:结构复杂,造价较高,机械效率较低。主要用于中高级轿车和部分重型货车。

静液式:又称容积式液压传动,通过液体传动介质静压力能的变化来传递能量。主要由发动机驱动的油泵、液压马达和控制装置等组成。其造价高,使用寿命短,某些军车上采用(图1-2-10)。

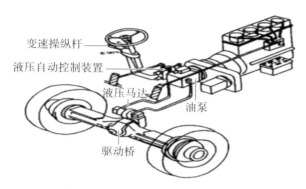

图1-2-10 静液式传动系统示意图

3. 电力式传动系统布置形式 由发动机驱动发电机发电,再由电动机驱动驱动桥或由电动机直接驱动带有减速器的驱动轮(图1-2-11)。其组成和布置与静液式类似。

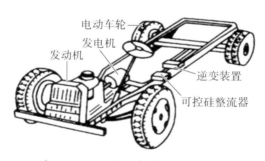

图1-2-11 电力式传动系统示意图

优点:从发动机到车轮由电器连接,可使汽车总体布置灵活;具有无级变速特性;启动及变速平稳。

缺点:质量大,效率低,消耗较多有色金属铜。

二、工作场所

理实一体化教室或汽车实训室。

三、工作器材

上海大众桑塔纳汽车4辆,整车解剖教具、汽车传动系统各种实物配件等。

计划与实施

1. **现场认识**　现场认识任务描述中的汽车传动系统各种布置形式。

2. **分组学习并回答问题**　在教师的引导下分组，以小组为单位学习相关知识，并回答下列问题(图1-2-12)。

图1-2-12　车辆驱动形式图

(1) 汽车传动系统有哪几种传动方式，各自的特点是什么？

(2) 越野汽车传动系统4×4与普通汽车传动系统4×2相比有哪些不同？

3. **分组学习并填写表格**　在教师的引导下，以小组为单位学习相关技能，并填写传动系统各种布置形式。

FR	
FF	
RR	
MR	
nWD	

评价与反馈

1. **反思性问题**　指出下列汽车传动系统的布置类型。

发动机 变速器　分动器

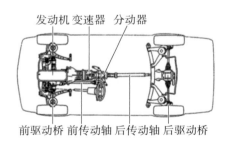 

前驱动桥 前传动轴 后传动轴 后驱动桥

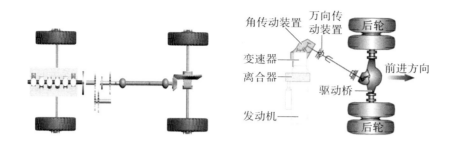

2. 拓展性问题 请查阅相关资料,每种汽车传动系统布置形式至少举例 3 种常见汽车品牌。

3. 操作技能考核 见表 1-2-1。

表 1-2-1 活动评价表

班级: 组别: 姓名: 学号:

项目	评价内容	评价指标		
		自评	互评	教师评价
关键能力考核项目（30%）	遵守纪律、遵守学习场所管理规定,服从安排(5分)			
	具有安全意识、责任意识、8S 管理意识,注重节约、节能环保(5分)			
	学习态度积极主动,能参加实习安排的活动(7分)			
	注重团队合作与沟通,能自主学习及相互协作(8分)			
	仪容仪表符合活动要求(5分)			
专业能力考核项目（70%）	按要求独立完成工作页(40分)			
	工具、设备选择得当,使用符合技术要求(10分)			
	操作规范,符合要求(5分)			
	学习准备充分、齐全(10分)			
	注重工作效率与工作质量(5分)			
总分				
小组评语		组长签名: 年 月 日		
教师评语		教师签名: 年 月 日		

学习任务 3　汽车传动系统的技术发展认识

任务描述

汽车实训基地接到大一新生参观汽车底盘实训车间的任务,请你结合上海大众桑塔纳 1.6 自动挡型轿车,准确讲述该车传动系统 AT 与 MT 的区别,并认识 CVT、AT、AMT、DSG、ASR、HSD 的含义。

学习目标

学习任务	知识目标	技能目标	素养目标	思政目标
汽车传动系统的技术发展认识	1. 了解汽车传动系统新技术; 2. 掌握 CVT、AT、AMT、DSG、ASR、HSD 的作用	1. 能够熟练介绍汽车传动系统新技术; 2. 能够正确讲解 CVT、AT、AMT、DSG、ASR、HSD 的作用	1. 具有良好的职业道德和职业素养; 2. 具有责任意识、工匠精神	培养学生严谨、认真、敬业的工作作风

建议学时:2 学时。

学习准备

一、知识准备

近年来汽车传动系统新技术发展比较迅速,如无级变速器、双质量飞轮、汽车双离合器变速器技术、驱动防滑系统、混合动力汽车的传动技术等。

1. **无级变速器**　驾驶灵活、低油耗和低噪声要求变速器挡位越多越好,这种思想的进一步延伸就是无级变速。无级变速传动(Continuously Variable Transmission, CVT)指无级控制速比变化的变速器。它能提高汽车的动力性、燃料经济性、驾驶舒适性、行驶平顺性。电控的 CVT 可实现动力传动系统的综合控制,充分发挥发动机特性。

液力自动变速器(Automatic Transmission, AT)(图 1-3-1):是将发动机的机械能平稳地传给车轮的一种液力机械装置,以其良好的乘坐舒适性、方便的操纵性、优越的动力性、良好的安全性奠定了在汽车工业的主导地位。

电控机械式自动变速器(Automated Mechanical Transmission, AMT)(图 1-3-2):电控机械式自动变速器既具有液力自动变速器自动变速的优点,又保留了原手动变速器齿轮传动的效率高、成本低、结构简单、易制造的长处。它结合了二者优点,是非常适合我国国情的机电一体化高新技术产品。它是在现生产的机械变速器基础上进行改造的,保留了绝大部分原总成部件,只改变其中手动操作系统的换挡杆部分,生产继承性好,改造的投入费用少,非常容易被生产厂家接受。它的缺点是非动力换挡,这可以通过电控软件来得到一定弥补。

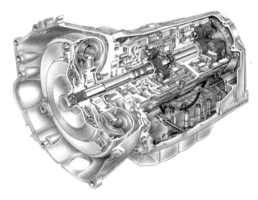
图1-3-1　液力自动变速器

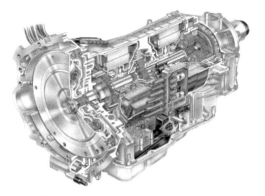
图1-3-2　电控机械式自动变速器

2. 双质量飞轮　双质量飞轮(图1-3-3)是当前汽车上隔振减振效果最好的装置,因此20世纪90年代以来在欧洲得到广泛推广,已从高级乘用车推广到中级乘用车,这与欧洲人喜欢手动挡和柴油车有很大关系。众所周知,柴油机的振动比汽油机大,为了使柴油机减少振动,提高乘坐的舒适性,现在欧洲许多柴油乘用车都采用了双质量飞轮,使得柴油机乘用车的舒适性可与汽油机乘用车相媲美。

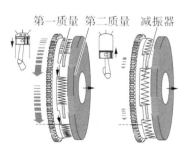
第一质量　第二质量　减振器

图1-3-3　双质量飞轮

3. 双离合器变速器技术　双离合器变速器(图1-3-4)使用两个离合器,但没有离合器踏板。最新的电子系统和液压系统控制着离合器,正如标准的自动变速器中的一样。在双离合器变速器中,离合器是独立工作的。一个离合器控制了奇数挡位(如一挡、三挡、五挡和倒挡),而另一个离合器控制了偶数挡位(如二挡、四挡和六挡)。使用了这个布局,变速器控制器根据速度变化,提前啮合了下一个顺序挡位,因此换挡时将没有动力中断。

目前唯一量产的双离合器变速器是德国大众的DSG(Direct Shift Gearbox)变速器。

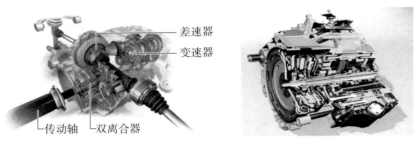

图 1-3-4　双离合器变速器

4. 驱动防滑系统　防滑控制系统主要包括制动防滑系统和驱动防滑系统两种。前者的功能是防止汽车在制动过程中车轮被抱死滑移,使汽车的制动力达到最大,缩短车辆的制动距离,并且能提高汽车在制动过程中的方向稳定性和转向操纵能力,被称为制动防抱死系统(Antilock Brake System,ABS);但是当汽车在驱动过程(如起步、转弯、加速等过程)中时,ABS系统不能防止车轮的滑转,因此针对这个要求又出现了防止驱动车轮发生滑转的驱动防滑系统(Acceleration Slip Regulation,ASR)。由于驱动防滑系统是通过调节驱动车轮的驱动力来实现工作的,故它也常被称为牵引力控制系统(Traction Control System,TCS)。

ASR系统主要由传感器、控制器(ECU)、执行器等组成,如图1-3-5所示。ASR系统的传感器主要是轮速传感器和节气门位置传感器。ECU是ASR系统的控制单元,具有运算功能,根据传感器传递来的信号,经过分析判断,再向执行器下达控制命令。ASR系统的执行器主要是制动压力调节器和节气门开度调节装置等。

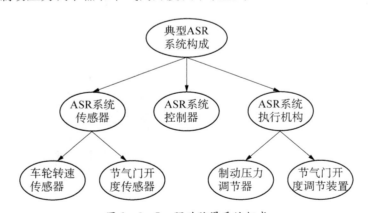

图 1-3-5　驱动防滑系统组成

5. 混合动力汽车的传动技术　丰田公司 Prius 车的驱动力系统被公认为目前最成功的结构。丰田混合动力系统 HSD(Hybrid Synergy Drive)主要由 Atkinson 循环发动机、发电机、电动机、动力分离装置(以上部件进行了一体化设计)、功率控制单元和镍氢电池组组成(图1-3-6)。

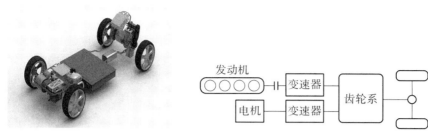

图 1-3-6　丰田混合动力系统

该系统的核心是用行星齿轮组成的动力分离装置,采用单排行星机构作为功率分配与复合装置。此行星机构中发动机与行星架相连,通过行星齿轮将动力传给齿圈和太阳轮,太阳轮轴与发电机相连,齿圈轴与电机轴相连。功率分配装置将发动机一部分转矩(大约70%)直接传递到驱动轴上,将另一部分转矩传送到发电机上。发电机发出的电将根据指令或用于给电池组充电,或用于驱动电机以增加驱动力。

二、工作场所

理实一体化教室或汽车实训室。

三、工作器材

上海大众桑塔纳汽车 4 辆,整车解剖教具、汽车传动系统各种实物配件等。

计划与实施

1. 现场认识　现场认识任务描述中的汽车传动系统的 CVT、AT、AMT、DSG、ASR、HSD。

2. 分组学习并回答问题　在教师的引导下分组,以小组为单位学习相关知识,并回答下列问题。

汽车传动系统有哪几种新技术,各自的特点是什么?

3. 分组学习并填写　在教师的引导下,以小组为单位学习相关技能,并填写汽车传动系统新技术。

CVT	
AT	
AMT	
DSG	
ASR	
HSD	

评价与反馈

1. 反思性问题　CVT、AT、AMT 有哪些不同？

2. 拓展性问题　请查阅相关资料，CVT、AT、AMT、DSG、ASR、HSD 的工作原理是什么？

3. 操作技能考核　见表 1-3-1。

表 1-3-1　活动评价表

班级：	组别：	姓名：		学号：	
项目	评价内容	评价指标			
		自评	互评	教师评价	
关键能力考核项目（30%）	遵守纪律、遵守学习场所管理规定，服从安排（5分）				
	具有安全意识、责任意识、8S 管理意识，注重节约、节能环保（5分）				
	学习态度积极主动，能参加实习安排的活动（7分）				
	注重团队合作与沟通，能自主学习及相互协作（8分）				
	仪容仪表符合活动要求（5分）				
专业能力考核项目（70%）	按要求独立完成工作页（40分）				
	工具、设备选择得当，使用符合技术要求（10分）				
	操作规范，符合要求（5分）				
	学习准备充分、齐全（10分）				
	注重工作效率与工作质量（5分）				
总分					
小组评语			组长签名：　　年　　月　　日		
教师评语			教师签名：　　年　　月　　日		

学习单元二 离合器的诊断与维修

本单元学习汽车离合器的诊断与维修。离合器安装在发动机与变速器之间,是汽车传动系统中直接与发动机相联系的总成件。通常离合器与发动机曲轴的飞轮组安装在一起,是发动机与汽车传动系统之间切断和传递动力的部件。汽车从起步到正常行驶的整个过程中,驾驶员可根据需要操纵离合器,使发动机和传动系统暂时分离或逐渐接合,以切断或传递发动机向传动系统输出的动力。通过本单元的学习,学生应能熟练掌握离合器的作用、组成与工作原理,能够正确使用专用工具和设备,按照标准流程进行汽车离合器维护和故障排除。

本单元的学习任务可以分为

学习任务 1：离合器的维护；

学习任务 2：离合器的检修；

学习任务 3：离合器常见故障的诊断。

学习任务 1 离合器的维护

任务描述

客户王先生的一辆上海大众桑塔纳 1.6 型轿车,踩下离合器踏板松开脚后,踏板无法自动回位。请按照企业规范要求和汽车运用与维修职业技能等级证书技能培养要求,完成对离合器的维护。

学习目标

学习任务	知识目标	技能目标	素养目标	思政目标
离合器的维护	1. 掌握汽车离合器的组成; 2. 掌握汽车离合器的功用	1. 能够正确完成汽车离合器油液检查、补充、更换; 2. 能够正确完成离合器踏板的调整	1. 安全注意事项; 2. 具备 8S 管理意识	1. 树立诚信的意识; 2. 培养精益求精的工匠精神

建议学时:4 学时。

学习准备

一、知识准备

1. **离合器的功用** 离合器安装在发动机与变速器之间,用来分离或接合前后两者之间的动力联系。其功用为:

(1)使汽车平稳起步。

(2)中断给传动系统的动力,配合换挡。

(3)防止传动系统过载。

2. **离合器的类型** 离合器的结构形式有多种,按传递转矩方式的不同可分为摩擦式、液力式和电磁式三类。

(1)摩擦式离合器:离合器的主、从动元件间,利用摩擦力传递转矩。摩擦式离合器结构简单、性能可靠、维修方便,目前应用最广泛。本节主要介绍摩擦式离合器。

(2)液力式离合器:离合器的主、从动元件间,利用液体介质传递转矩,这种形式常用于高级轿车、大型公共汽车和载重汽车。

(3)电磁式离合器:离合器的主、从动元件间,利用电磁力的作用来传递转矩。

3. **摩擦式离合器的组成** 离合器由主动部分、从动部分、压紧装置、分离机构和操纵机构五部分组成(图2-1-1)。

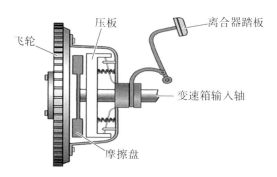

图2-1-1　离合器组成示意图

4. 摩擦离合器的工作原理

(1) 摩擦离合器依靠摩擦原理传递发动机动力:当从动盘与飞轮之间有间隙时,飞轮不能带动从动盘旋转,离合器处于分离状态(图2-1-2)。当压紧力将从动盘压向飞轮后,飞轮表面对从动盘表面的摩擦力带动从动盘旋转,离合器处于接合状态(图2-1-3)。

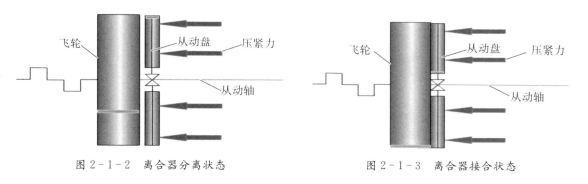

图2-1-2　离合器分离状态　　　　　图2-1-3　离合器接合状态

(2) 膜片弹簧离合器的工作原理(图2-1-4、图2-1-5)。

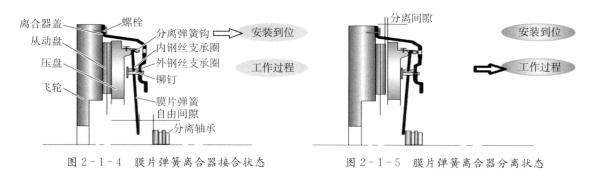

图2-1-4　膜片弹簧离合器接合状态　　　图2-1-5　膜片弹簧离合器分离状态

(3) 膜片弹簧离合器的优缺点。

优点:①传递的转矩大且较稳定;②结构简单且紧凑;③高速时平衡性好;④散热通风性能好;⑤摩擦片的使用寿命长。

缺点:①制造难度大;②分离指刚度低,分离效率低;③分离指易出现应力集中;④分离指舌尖易磨损。

二、工作场所

理实一体化教室或汽车实训室。

三、工作器材

上海大众桑塔纳汽车4辆,整车解剖教具、汽车离合器部件等。

计划与实施

1. 现场认识　现场认识任务描述中的汽车离合器及其组成部件,并阐述摩擦式离合器的工作原理。

2. 分组完成任务　在教师的引导下分组,以小组为单位完成如下任务。

1) 汽车离合器油液检查、补充、更换

(1) 离合器油液:离合器液压系统的工作油液,在工作中因自然氧化、挥发、泄漏等因素影响,质量上会有所变化,所以要定期检查、补充或更换工作油液,以确保离合器液压系统的正常工作(图2-1-6)。

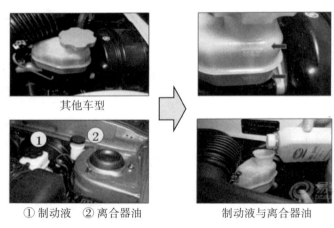

其他车型

①制动液　②离合器油　　　制动液与离合器油

图2-1-6　离合器工作液罐

(2) 技术要求:①了解检查、补充、更换离合器工作液的重要性;②熟悉离合器液压系统的组成与工作原理;③掌握检查、补充、更换离合器工作液的操作技能。

(3) 实训步骤

第一步:清理工位。清洁工位地面卫生,排除障碍物,准备好相关工具和物品。

第二步:将车辆停在举升机中央位置。

第三步:①拉紧驻车制动器;②将变速杆置于空挡位置;③打开发动机舱盖,并支好发动机舱盖;④粘贴翼子板护裙,铺好地板垫,安装坐垫护套、方向盘套、变速杆套。

第四步：离合器油液检查。①检查储液罐油面，应在 Max 刻度与 Min 刻度之间位置；②如果液面低于规定位置，则需要补充油液。

第五步：离合器油液补充。①在补充前应确定所补充的油液与原有油液的型号品牌保持一致（如不一致，应将原有油液放干净，再重新添加）；②在关闭点火开关的情况下，将储液罐上的传感器插头拔下；③拆下储液罐盖，加入工作油液，补充时，将油液加两刻度之间即可；④用棉纱擦干净油口处的油迹，旋紧储液罐盖，安装传感器插头。

以上各步骤两人同时进行。

第六步：离合器油液的更换。

排放液压系统的旧工作液：①拔下储液罐盖上的传感器插头，旋下储液罐盖；②用举升机将车辆举到适当的高度后，可靠锁止提升臂；③用一根塑料软管一端接在离合器分泵放气阀上，另一端放到一个接油容器内；④用梅花扳手拧松离合器分泵放气阀；⑤连续踩下离合器踏板；⑥观察液压系统的油液排放情况，当油液不再排出时，停止踩踏并放松踏板。

清洗液压管路：①将车辆落到地面，将新鲜油液加入储液罐内，加入时，应尽量加满，但不能溢出；②再将车辆举升到适当的位置；③连续踩踏离合器踏板，同时观察排出的油液的色泽，当有新鲜油液排出时，停止踩踏；④将分泵放气阀拧紧。

液压系统排气：①将车辆落下；②检查储液罐油面，补充油液到 Max 刻度线稍上位置；③再将车辆举升到适当的位置；④连续踩离合器踏板，最后应将踏板踩到极限位置；⑤这时拧松放气阀，可看到带有气泡的油液从排气阀喷射出来，然后将排气阀拧紧；⑥再重复④⑤的操作步骤，直到排气阀喷出的油液中不含有气泡为止；⑦拧紧排气阀；⑧将车辆落到地面；⑨检查储液罐油面，不够则添加到规定位置。

2）车辆试运行：①在驾驶室里启动车辆；②踏下离合器踏板，操纵变速杆挂挡，检查变速杆是否轻便、灵活，换挡无异响；③再在各个挡位挂一遍；④再次检查液面的高度；⑤操作完毕。

3）项目考核

考核时间	序号	考核项目	配分	评分标准	得分
	1	作业前整理工位	5	清洁不彻底酌情扣分	
	2	打开并支撑机舱盖	5	操作不当扣 5 分	
	3	安装汽车保护罩	2	操作错误扣 2 分	
	4	检查储液罐中液面高度	10	操作错误扣 10 分	
30 min	5	加注液压系统工作油液	3	操作错误扣 3 分	
	6	检查液压系统是否泄漏	3	操作错误扣 3 分	
	7	排放液压系统空气	10	操作错误扣 10 分	
	8	连接放气阀、软管和容器	5	操作方法不当酌情扣分	
	9	确认排气是否彻底	10	检查方法不当酌情扣分	

考核时间	序号	考核项目	配分	评分标准	得分
	10	清洗液压系统	5	操作错误扣5分	
	11	举升车辆	10	检查方法不当扣10分	
	12	液压系统的发动机运行试验	5	操作错误扣5分	
	13	作用后整理工位	3	操作错误扣3分	
	14	分辨机械保险的撞击声	3	判断错误扣3分	
	15	解除滑车的机构保险	8	操作错误扣8分	
	16	车辆下降前的工位检查	8	操作错误扣8分	
	17	车辆驶出工位前,调整举升臂	5	操作不当酌情扣分	
	18	遵守相关安全规范		违规操作造成人身和设备事故者,总分按0分计	
		合计	100		

4）离合器踏板的调整

（1）松开离合器总泵推杆上的锁紧螺母（图2-1-7）。

图2-1-7　离合器总泵推杆

（2）转动离合器总泵推杆,使推杆尾端露出5个螺纹即可（图2-1-8）。

图2-1-8　离合器总泵推杆调整螺母

（3）调整完后，锁紧离合器总泵推杆上的锁紧螺母。

3. 分组学习并填写表格 在教师的引导下，以小组为单位学习相关技能，并填写离合器各部件安装位置。

离合器主动盘

离合器从动盘

离合器压紧装置

离合器分离机构

离合器操纵机构

评价与反馈

1. 反思性问题 指出下列各部件名称，并口述其主要作用。

2. 拓展性问题 请查阅相关资料，什么是离合器的自由行程？为什么设自由行程？

3. 操作技能考核 见表2-1-1。

表2-1-1 活动评价表

班级： 组别： 姓名： 学号：

项目	评价内容	评价指标		
		自评	互评	教师评价
关键能力考核项目（30%）	遵守纪律、遵守学习场所管理规定，服从安排（5分）			
	具有安全意识、责任意识8S管理意识，注重节约、节能环保（5分）			
	学习态度积极主动，能参加实习安排的活动（7分）			
	注重团队合作与沟通，能自主学习及相互协作（8分）			
	仪容仪表符合活动要求（5分）			

项目	评价内容	评价指标		
		自评	互评	教师评价
专业能力考核项目（70%）	按要求独立完成工作页（40分）			
	工具、设备选择得当，使用符合技术要求（10分）			
	操作规范，符合要求（5分）			
	学习准备充分、齐全（10分）			
	注重工作效率与工作质量（5分）			
总分				
小组评语		组长签名： 　年　　月　　日		
教师评语		教师签名： 　年　　月　　日		

学习任务 2　离合器的检修

任务描述

　　客户王先生的一辆上海大众桑塔纳 1.6 型轿车,行驶了 38 000 km。发动机工作正常,但当用低速挡起步时,放松离合器踏板后,汽车有时不能起步或起步困难;汽车加速时,感到加速无力,严重时有焦煳味或冒烟现象。请按照企业规范要求和汽车运用与维修职业技能等级证书技能培养要求,完成对汽车离合器的检修。

学习目标

学习任务	知识目标	技能目标	素养目标	思政目标
离合器的检修	1. 掌握汽车离合器各部件常见故障; 2. 掌握汽车离合器主要部件检测方法	1. 能够正确完成汽车离合器片更换; 2. 能够正确完成离合器主要部件检测	1. 培养学生的安全意识; 2. 具备严谨的职业素养	1. 培养学生严谨、认真、敬业的工作作风; 2. 培养学生节能环保意识

　　建议学时:4 学时。

学习准备

一、知识准备

1. 离合器各部件常见故障

1) 离合器主动盘失效形式:离合器主动盘即发动机的飞轮(图 2 - 2 - 1)常见的失效形式有工作面产生磨损、沟槽、翘曲、烧蚀,甚至裂纹、缺齿等。

缺两齿

图 2 - 2 - 1　飞轮

观察飞轮表面的磨损情况,工作表面出现严重磨损、沟槽、烧伤、破裂或失去动平衡时,应更换。

2) 离合器盖(图 2-2-2)的失效形式:

(1) 翘曲变形。

(2) 裂纹。

(3) 接合面平面度超差(平面度应小于 0.50 mm)。

3) 离合器压盘(图 2-2-3)的失效形式:工作面产生磨损、沟槽、翘曲、烧蚀,甚至裂纹等。

图 2-2-2　离合器盖　　　　　图 2-2-3　离合器压盘

4) 离合器从动盘(图 2-2-4)的失效形式:摩擦衬片磨损、烧蚀、破裂和硬化,以及铆钉松动等。

5) 离合器膜片弹簧(图 2-2-5)的失效形式:膜片弹簧分离支折断、失去弹性、内侧平面度超出极限值等。

图 2-2-4　离合器从动盘　　　　图 2-2-5　离合器膜片弹簧

二、工作场所

理实一体化教室或汽车实训室。

三、工作器材

上海大众桑塔纳汽车 4 辆,整车解剖教具、汽车离合器部件等。

计划与实施

1. 现场认识　现场认识任务描述中的汽车离合器及其组成部件,并阐述各部件常见故障类型。

2. 分组完成任务   在教师的引导下分组，以小组为单位完成如下任务。

1）压盘平面度的检测（图2-2-6）

（1）检修时，压盘表面平面度误差不得超过0.12 mm，否则应更换。

（2）工作表面轻微磨损，可用油石修平。

（3）压盘的极限减薄量不得大于1 mm，修整后应进行静平衡试验。

（4）若压盘有严重的磨损或变形，甚至出现裂纹，磨削后厚度小于极限值，应更换新件。

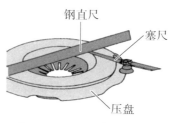

图2-2-6   压盘平面度检测示意图

2）从动盘检测

（1）用游标卡尺测量铆钉的深度（图2-2-7）。铆钉头部的埋入深度不得小于0.3 mm，否则换用新离合器片。

（2）从动盘平面度的检测（图2-2-8）。从动盘的翘曲可通过测量端面跳动量来检查，距边缘2.5 mm测量。极限值：不大于0.4 mm。

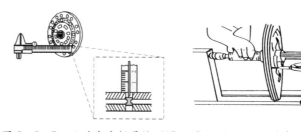

图2-2-7   从动盘磨损量检测图   图2-2-8   从动盘平面度检测图

3. 分组学习并填写表格   在教师的引导下，以小组为单位学习相关技能，并填写离合器各部件常见故障。

离合器主动盘

离合器从动盘

离合器压盘

离合器分离轴承

评价与反馈

1. 反思性问题

1）填空题

（1）离合器主动盘失效形式主要有_____、_____、_____和_____。

（2）离合器从动盘的失效形式主要有_____、_____、_____、_____和

_____等。

（3）压盘平面度可以用_____、_____进行检测。

（4）从动盘铆钉头部的埋入深度不得小于_____，否则换用新离合器片。

2）选择题

（1）当离合器处于完全接合状态时，变速器的第一轴（　　）。

A. 不转动

B. 与发动机曲轴转速不相同

C. 与发动机曲轴转速相同

（2）离合器安装在（　　）之间。

A. 发动机与变速器

B. 变速器与主减速器

C. 传动轴与变速器

2. 拓展性问题　请查阅相关资料，如何测量飞轮、压盘与从动盘的变形？

3. 操作技能考核　见表2-2-1

表2-2-1　活动评价表

班级：	组别：		姓名：		学号：	
项目	评价内容			评价指标		
			自评	互评	教师评价	
关键能力考核项目（30%）	遵守纪律、遵守学习场所管理规定，服从安排(5分)					
	具有安全意识、责任意识、8S管理意识，注重节约、节能环保(5分)					
	学习态度积极主动，能参加实习安排的活动(7分)					
	注重团队合作与沟通，能自主学习及相互协作(8分)					
	仪容仪表符合活动要求(5分)					
专业能力考核项目（70%）	按要求独立完成工作页(40分)					
	工具、设备选择得当，使用符合技术要求(10分)					
	操作规范，符合要求(5分)					
	学习准备充分、齐全(10分)					
	注重工作效率与工作质量(5分)					
总分						
小组评语				组长签名：　　年　　月　　日		
教师评语				教师签名：　　年　　月　　日		

任务描述

客户王先生的上海大众桑塔纳 1.6 型轿车,行驶了 58 000 km。用低速挡起步时,放松离合器踏板后,离合器打滑,汽车不能起步。请按照企业规范要求和汽车运用与维修职业技能等级证书技能培养要求,完成对车辆离合器的故障诊断。

学习目标

学习任务	知识目标	技能目标	素养目标	思政目标
离合器的常见故障诊断	1. 掌握汽车离合器各部件常见故障; 2. 掌握汽车离合器常见故障原因	1. 能够正确分析汽车离合器片常见故障原因; 2. 能够按标准完成离合器常见故障排除	1. 培养学生的安全意识; 2. 具备严谨认真的职业素养	培养学生"严、细"作风,"精、优"质量观念

建议学时:2 学时。

学习准备

一、知识准备

1. **离合器常见故障**　离合器常见故障有离合器打滑、离合器发抖、离合器有异响与离合器分离不彻底等。

1) 离合器打滑

(1) 现象:汽车加速时,车速不能随发动机转速的提高而加快及行驶无力、动力下降、油耗增加、起步困难。

(2) 原因:①摩擦片有油污,压盘磨损后太薄(过薄会使弹力不足);②摩擦片磨损严重;③离合器踏板没有自由行程,弹簧过软,弹力不够。

2) 离合器发抖

(1) 现象:汽车起步时,离合器经常不能平稳接合,使车身发生抖动。

(2) 原因:①分离杠杆端面高度不处在同一平面内;②减振弹簧失效;③从动盘、压盘翘曲变形,飞轮工作端面圆跳动严重;④从动盘摩擦片厚度不均匀,表面硬化,铆钉头露出,铆钉松动,钢片损坏等;⑤发动机、变速器、飞轮与飞轮壳的固定螺栓松动;⑥分离轴承座的轴向移动不灵活、卡滞。

3）离合器有异响

（1）现象：在使用或不使用离合器时，有不正常的响声产生。

（2）原因：①分离轴承磨损严重或缺油；②分离杠杆的支承销磨损过大；③从动盘钢片铆钉松动，钢片断裂或减振弹簧折断、松旷；④轴承回位弹簧过软、折断或脱落；⑤从动盘花键与花键轴配合松旷。

4）离合器分离不彻底

（1）现象：当汽车起步时，将离合器踏板踏到底仍感挂挡困难，虽强行挂入，但不抬踏板，汽车就向前运动或造成发动机熄火或挂挡时发出响声等。

（2）原因：①离合器踏板的自由行程过大，造成工作行程过小，离合器不能完全分离；②从动盘翘曲，铆钉松脱或更换的摩擦片过厚，摩擦片的铆钉松动；③分离杠杆高度不够；④膜片弹簧过软或折断，钢片的偏移度过大；⑤新换的从动盘方向装反；⑥液压操纵机构漏油、有空气或油量不足；⑦发动机与变速器轴线不同心。

二、工作场所

理实一体化教室或汽车实训室。

三、工作器材

上海大众桑塔纳汽车 4 辆，整车解剖教具、汽车离合器部件等。

计划与实施

1. **现场认识**　现场认识任务描述中的汽车离合器及其组成部件，并阐述离合器常见故障类型。

2. **分组完成任务**　在教师的引导下分组，以小组为单位完成如下任务。

1）离合器打滑的诊断与排除（图 2-3-1）

（1）用频闪仪诊断：①频闪仪也叫频闪静像仪或转速计（图 2-3-2），当调节频闪灯的闪动频率，使其与被测物的转动或运动速度接近或同步时，频闪仪的闪光速度即为被检测物体的转速和运动频率。②支起驱动桥或驱动轮置于滚筒式试验台上进行。汽车低挡起步，逐渐升挡，再用直接挡，使汽车驱动轮在原地运转。频闪仪的闪光投射到传动轴的某点或标记上。若频闪仪指示的转速与发动机不同，则离合器打滑。若无频闪仪，可用发动机点火正时等代替。

（2）检查调整离合器踏板自由行程，若自由行程过小，须拆检离合器。

（3）若有自由行程，应检查离合器从动盘摩擦片边缘是否有油污，可能是腐蚀或材料过硬过软所致；若拨动从动盘摩擦片有金属粉末，则可能是铆钉外露所致；出现这些现象须拆下离合器，加以排除。摩擦片有油污要洗净，用压缩空气吹干，并查出漏油原因，铆钉外露时，应更换新的摩擦片。

（4）若不是上述问题，则看是否为弹簧弹力不足所致，若弹簧弹力不足，则需要更换

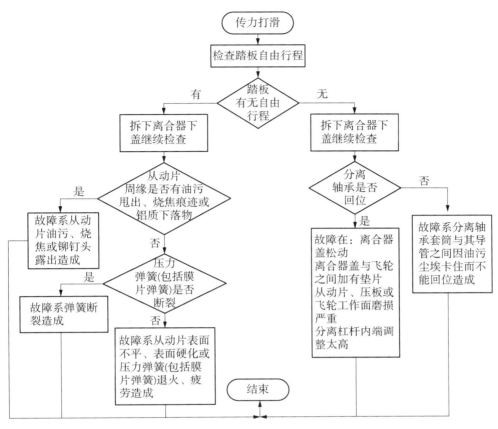

图 2-3-1　离合器打滑检查流程图

图 2-3-2　频闪仪

弹簧。

（5）如果是飞轮变形过大，应考虑更换新的飞轮。

（6）检查离合器和飞轮连接处是否松动，调整离合器分离杠杆到适当位置。

（7）查看液压分离装置是否卡滞，若出现卡滞，应予以调整，使其工作灵活，这样离合器打滑问题就能够排除了。

2）离合器发抖的诊断与排除（图 2-3-3）

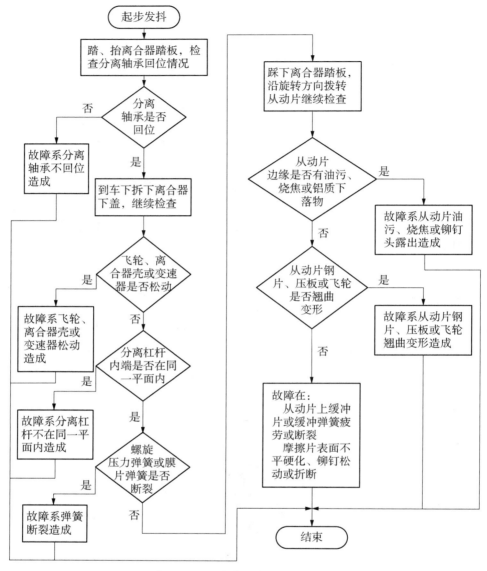

图 2-3-3　离合器发抖检查流程图

（1）检查摩擦片是否破裂、是否凹凸不平或有油污。如有，更换摩擦片或予以清洗。

（2）看铆钉头是否外露、磨损，如果碰到从动盘应排除。

（3）拆下离合器底盖，看分离杠杆是否在一个平面上。如果不在，应调整到一个平面上。

（4）看从动盘是否材料硬化、弹簧弹力不均，应拆下检修。

（5）检查分离轴承是否进退不灵活，若感觉发涩，说明分离轴承座在变速器第一轴承盖上有污垢，予以清洗排除。

3）离合器有异响的诊断与排除（图 2-3-4）

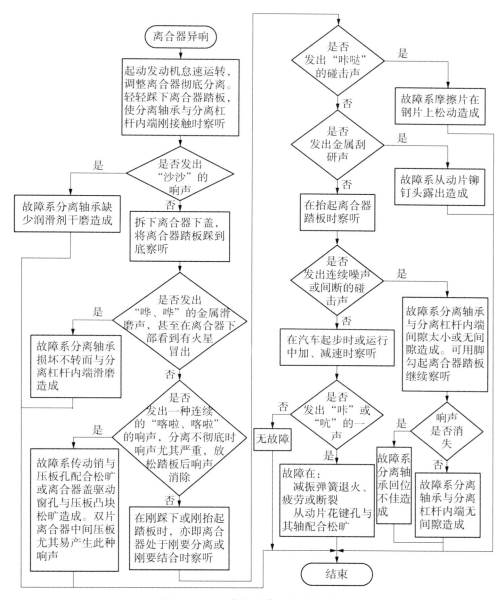

图 2-3-4　离合器异响检查流程图

（1）首先检查离合器踏板有无回程，用脚勾一下踏板，如果响声消失，则踏板有回程，只是踏板回位弹簧弹力不足或折断脱落；检查弹簧弹力，若不足则更换。

（2）如果踏板回位正常，检查离合器的自由行程。如果自由行程不符合要求，应予以调整；如果自由行程正常，当发动机转速有变化时，存在间歇性的撞击声和摩擦声，说明离合器分离轴承回位弹簧弹力不足，更换弹簧。

（3）慢慢地踩离合器踏板到分离杠杆与分离轴承刚好接触，若出现"沙沙"声，则说明分离轴承有问题。继续踩下加速踏板少许，如果响声有所增大，则应拆下离合器底盖，看是否有火星射出。如果有火星射出，则说明是分离轴承滚珠破碎，没有火星，说明轴承磨损过量。此时，考虑更换轴承。

（4）如果踩下离合器踏板没有异响出现，当踩到底时，发出了"喀啦、喀啦"的声响，随着转速升高响声变大，这可能是变速器里面太脏，可以进行清洗。清洗后，加入新的齿轮油，如果在放出的清洗油中混有齿轮或轴承损坏的较大颗粒金属屑，说明变速器内部可能撞击损坏，应对变速器进行解体检查，并予以排除故障。

4）离合器分离不彻底诊断与排除（图 2-3-5）

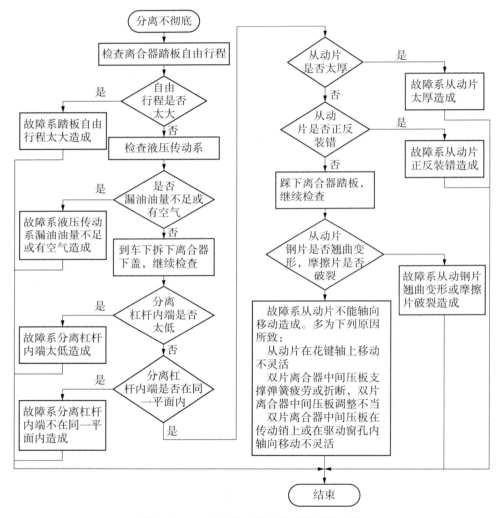

图 2-3-5　离合器分离不彻底检查流程图

（1）发动机怠速运转，变速器置于空挡，拉驻车制动器，踩下制动踏板。

（2）不踩离合器，缓慢将换挡杆向倒挡方向移动，当听到齿轮敲击声音时，停止并保持换挡杆的操作位置。

（3）缓慢踩下离合器踏板,敲击声音消失的位置,称为离合器"分离点"。

（4）保持换挡杆不动,继续踩下离合器踏板,使离合器完全分离。再缓慢放开离合器踏板,会再次听到齿轮敲击声音,该位置称为离合器"接合点"。如果分离机构正常,无法找到分离点和接合点,则离合器分离不良。

3. 分组学习并填写表格　在教师的引导下,以小组为单位学习相关技能,并填写离合器常见故障原因。

离合器打滑

离合器分离不彻底

离合器发抖

离合器有异响

评价与反馈

1. 反思性问题

（1）离合器的工作原理是什么?

（2）离合器总成通常由哪些部分组成?

（3）膜片弹簧离合器有哪些特点?

2. 拓展性问题　请查阅相关资料,分析因离合器引起换挡困难的原因与故障排除。

3. 操作技能考核　见表2-3-1。

表2-3-1　活动评价表

班级:　　　　　组别:　　　　　姓名:　　　　　　　学号:

项目	评价内容	评价指标		
		自评	互评	教师评价
关键能力考核项目（30%）	遵守纪律、遵守学习场所管理规定,服从安排(5分)			
	具有安全意识、责任意识、8S 管理意识,注重节约、节能环保(5分)			
	学习态度积极主动,能参加实习安排的活动(7分)			
	注重团队合作与沟通,能自主学习及相互协作(8分)			
	仪容仪表符合活动要求(5分)			
专业能力考核项目（70%）	按要求独立完成工作页(40分)			
	工具、设备选择得当,使用符合技术要求(10分)			
	操作规范,符合要求(5分)			
	学习准备充分、齐全(10分)			
	注重工作效率与工作质量(5分)			

续　表

项目	评价内容	评价指标		
		自评	互评	教师评价
总分				
小组 评语		组长签名： 　　年　　月　　日		
教师 评语		教师签名： 　　年　　月　　日		

学习单元三 手动变速器的诊断与维修

手动变速器(Manual Transmission, MT)又称机械式变速器,即必须用手拨动变速杆(俗称"挡把")才能改变变速器内的齿轮啮合位置,改变传动比,从而达到变速的目的。轿车手动变速器大多为四挡或五挡有级式齿轮传动变速器,并且通常带同步器,换挡方便,噪声小。手动变速在操纵时必须踩下离合器,才能拨得动变速杆。通过本单元的学习,学生应能准确讲述手动变速器的作用、组成与工作原理;能够正确使用专用工具和设备,按照标准流程进行手动变速器的拆装和常见故障维修。

本单元的学习任务可以分为

学习任务 1：手动变速器的功用与组成认知;

学习任务 2：手动变速器的工作原理认知;

学习任务 3：手动变速器的拆装;

学习任务 4：手动变速器常见故障的检修。

学习任务 1　手动变速器的功用与组成认知

任务描述

汽车实训基地接到大一新生参观汽车底盘实训车间的任务,请结合上海大众桑塔纳1.6型轿车,准确讲述该车手动变速器的功用、结构。

学习目标

学习任务	知识目标	技能目标	素养目标	思政目标
手动变速器的功用与组成认知	1. 掌握汽车手动变速器的功用; 2. 掌握汽车手动变速器的组成和分类	1. 能够熟练介绍手动变速器的功用; 2. 能够正确讲解手动变速器的组成	1. 具有良好的职业道德; 2. 具备良好的沟通能力	培养学生严谨、认真、敬业的工作作风和职业素养

建议学时:2学时。

学习准备

一、知识准备

1. **手动变速器的功用**　汽车上使用的发动机具有转速高、转矩小的特点,发动机只能顺时针转动(从前往后看),而汽车在实际行驶过程中常常需要倒向行驶。因此,需要在汽车的传动系统中设置变速器,其具体作用是:

(1)改变传动比,从而改变传递给驱动轮的转矩和转速。

(2)实现倒车。

(3)利用空挡中断动力的传递。

2. **手动变速器的组成**(图3-1-1、图3-1-2)

(1)变速传动机构:变速传动机构实现变速、变矩和换向。

(2)变速操纵机构:变速操纵机构的作用是实现变速比的变换即换挡。

3. **变速器的分类**　汽车变速器(图3-1-3)按照操控方式可分为手动变速器和自动变速器。常见的自动变速器主要有三种,分别是液力自动变速器(AT)、机械无级自动变速器(CVT)、双离合器变速器(DSG)。

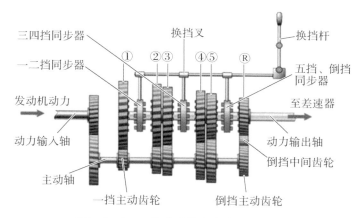

图3-1-1　五挡手动挡变速箱结构示意图

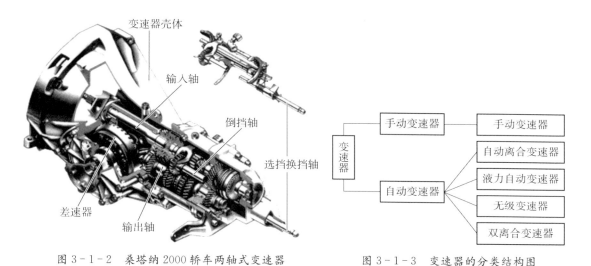

图3-1-2　桑塔纳2000轿车两轴式变速器　　　图3-1-3　变速器的分类结构图

对手动变速器来讲,变速传动机构是变速器的主体,按工作轴的数量(不包括倒挡轴)可分为两轴式变速器和三轴式变速器。

二、工作场所

理实一体化教室或汽车实训室。

三、工作器材

上海大众桑塔纳汽车4辆、整车解剖教具、汽车手动变速器部件等。

计划与实施

1. 现场认识　现场认识任务描述中的汽车手动变速器及其组成部件,并阐述手动变速器的功用与组成。

2. 分组完成任务 在教师的引导下分组,以小组为单位完成如下任务。

(1) 认知手动挡变速器各部件(图 3-1-4)。

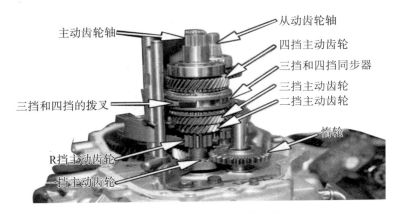

主动齿轮轴
从动齿轮轴
四挡主动齿轮
三挡和四挡同步器
三挡主动齿轮
二挡主动齿轮
三挡和四挡的拨叉
惰轮
R挡主动齿轮
挡主动齿轮

图 3-1-4 手动挡变速器实物图

(2) 认识手动挡变速器各挡位(图 3-1-5)。

空挡　　一挡

二挡　　三挡

图 3-1-5 手动挡变速器各挡位图

3. 分组学习并填写表格 在教师的引导下,以小组为单位学习相关技能,并填写手动挡变速器的组成部分。

手动挡变速器传动机构	
手动挡变速器操纵机构	

评价与反馈

1. 反思性问题 认识下列各部件名称,并口述其主要作用。

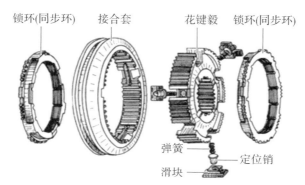

锁环(同步环)　接合套　　花键毂　锁环(同步环)
弹簧　　定位销
滑块

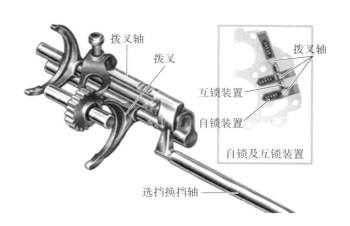

拨叉轴
拨叉
拨叉轴
互锁装置
自锁装置
自锁及互锁装置
选挡换挡轴

2. 完成下列习题

（1）变速器的功用是_____、_____和_____。

（2）变速器（　　）具有最大的扭矩。

A. 一挡　　B. 二挡　　C. 三挡　　D. 四挡

（3）变速器实现防止同时挂入两个挡位的装置是（　　）。

A. 自锁　　B. 互锁　　C. 倒挡锁

（4）比较两轴式变速器和三轴式变速器的异同点。

（5）三轴式变速器由哪些部件组成？

（6）变速器换挡装置有哪些结构形式？

3. 拓展性问题　请查阅相关资料,掌握同步器的功用与工作原理。

4. 操作技能考核　见表 3-1-1。

表 3-1-1　活动评价表

班级：	组别：	姓名：	学号：		
项目	评价内容	评价指标			
		自评	互评	教师评价	
关键能力考核项目(30%)	遵守纪律、遵守学习场所管理规定,服从安排(5分)				
	具有安全意识、责任意识、8S 管理意识,注重节约、节能环保(5分)				
	学习态度积极主动,能参加实习安排的活动(7分)				
	注重团队合作与沟通,能自主学习及相互协作(8分)				
	仪容仪表符合活动要求(5分)				
专业能力考核项目(70%)	按要求独立完成工作页(40分)				
	工具、设备选择得当,使用符合技术要求(10分)				
	操作规范,符合要求(5分)				
	学习准备充分、齐全(10分)				
	注重工作效率与工作质量(5分)				
总分					
小组评语		组长签名：　年　月　日			
教师评语		教师签名：　年　月　日			

学习任务 2　手动变速器的工作原理认知

任务描述

　　客户王先生的一辆上海大众桑塔纳 1.6 型轿车，行驶了 38 000 km。行驶时有时出现挂挡困难，请结合手动变速器的结构及工作原理分析出现挂挡困难可能的故障原因。

学习目标

学习任务	知识目标	技能目标	素养目标	思政目标
手动变速器的工作原理认知	1. 掌握汽车手动变速器的工作原理； 2. 掌握手动挡变速器各个挡位的传动比计算方法	1. 能够正确讲解手动变速器的工作原理； 2. 能够正确计算手动挡变速器各个挡位的传动比	1. 掌握安全注意事项； 2. 具备 8S 管理意识	1. 树立诚信的意识； 2. 培养精益求精的工匠精神

　　建议学时：2 学时。

学习准备

一、知识准备

1. 普通齿轮的工作原理

（1）传动比

$i_{12}=n_1/n_2=z_2/z_1$。$i_{12}>1$，减速；$i_{12}<1$，增速。

普通齿轮变速器是利用不同齿数的齿轮啮合传动实现转速和转矩的改变（图 3-2-1）。

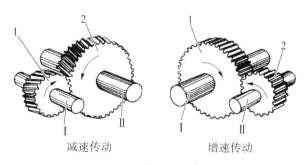

Ⅰ-输入轴；Ⅱ-输出轴

图 3-2-1　齿轮变速示意图

由齿轮传动的原理可知,一对齿数不同的齿轮啮合传动时可以变速,而且两齿轮的转速与其齿数成反比。

(2) 挡位分析:$i>1$,减速挡,且 i 越大,挡位越低;$i=1$,直接挡;$i<1$,超速挡。

如桑塔纳五挡变速器的挡位情况如下:

$i_1=3.455$

$i_2=1.944$

$i_3=1.370$

$i_4=1.032$

$i_5=0.850$

$i_R=3.167$

2. 换挡原理 我们以一个二挡变速箱的简单模型工作原理介绍如下(图 3-2-2):

(1) 输入轴:通过离合器和发动机相连,输入轴和上面的齿轮通常做成一个部件。

(2) 中间轴:输入轴通过啮合齿轮带动中间轴的齿轮旋转,这时中间轴就可以传输发动机的动力。

(3) 输出轴:是一个花键轴,直接和驱动轴相连,通过差速器驱动汽车。

(4) 输出轴齿轮:在输出轴上自由转动。在发动机停止,但车辆仍在运动中时,齿轮和中间轴都在静止状态,而花键轴依然随车轮转动。

(5) 同步器:可以随着输出轴转动,同时也可以在输出轴上左右自由滑动来啮合齿轮。

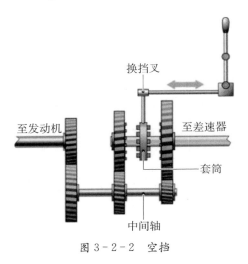

图 3-2-2 空挡

如图 3-2-3 同步器左移挂挡,输入轴带动中间轴,中间轴齿轮带动输出轴右边的齿轮,齿轮通过同步器和输出轴相连,传递能量至驱动轴上。在这同时,输出轴左边的齿轮也在旋转,但由于没有和同步器啮合,所以它不对输出轴产生影响。当同步器在两个齿轮中间时,变速箱在空挡位置。两个齿轮都在输出轴上自由转动,速度是由中间轴上的齿轮和输出轴上的齿轮间的变速比决定的。

当输出轴上的同步器与左侧或右侧的齿轮相连时,动力才会通过同步器最终传递到输出轴上。换挡其实就是同步器在选择与哪个齿轮结合,结合后也就决定了此时的变速比。

3. 同步器装置 同步器是使得套筒上的齿和齿轮啮合之前产生摩擦接触的装置,使两个将要啮合的齿轮速度趋于一致,从而容易挂挡且不易出现打齿现象(图 3-2-3)。

同步原理见图 3-2-4,齿轮上的锥形凸出刚好卡进套筒的锥形缺口,两者之间的摩擦力使得套筒和齿轮同步,套筒的外部滑动和齿轮啮合。

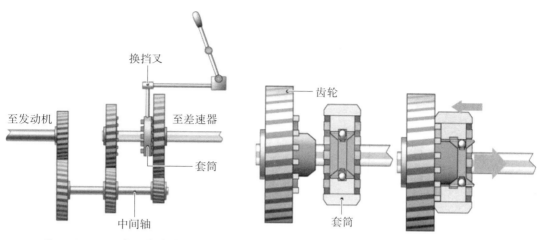

图 3-2-3　同步器左移挂挡　　　　　　图 3-2-4　同步器原理图

4. **倒挡原理**　一台发动机在设计之初就决定了曲轴的旋转方向,所以要想使车辆倒退,也只能寄希望于变速器,通过外啮合齿轮的反向旋转特性就可以轻松完成这项使命(图 3-2-5)。通过增加一个惰轮,即可实现改变动力传动方向的功能。

5. **锁止装置**

(1)自锁机构(图 3-2-6):防止自动换挡和自动脱挡的作用。

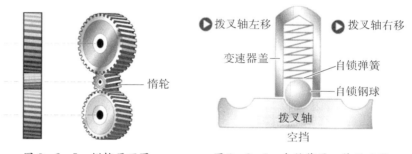

图 3-2-5　倒挡原理图　　　　　　图 3-2-6　自锁装置工作原理图

自锁钢球被自锁弹簧压入拨叉轴的相应凹槽内,起到锁止挡位的作用,防止自动换挡和自动脱挡。换挡时,驾驶员施加于拨叉轴上的轴向力克服弹簧与钢球的自锁力时,钢球便克服弹簧的预压力而升起,拨叉轴移动,当钢球与另一凹槽处对正时,钢球又被压入凹槽内,此动作传到操纵杆上,使驾驶员具有"手感"。

(2)互锁机构(图 3-2-7):防止同时挂入两个挡。

当一根拨叉轴移动的同时,其他两根拨叉轴均被锁止。但有的变速器互锁装置没有顶销,当某一拨叉轴移动时,只要锁止与之相邻的拨叉轴,即可防止同时换入两个挡。

(3)倒挡锁(图 3-2-8):防止车辆前进时误挂入倒挡。

为了防止车辆前进时误挂入倒挡,进而对变速器齿轮造成极大冲击,导致零件损坏,通常会在手动变速器上设计倒挡锁止机构。当把换挡杆摆到极限位置时,锁止机构中的限位

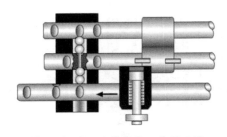

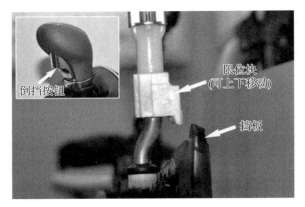

图 3-2-7　互锁装置工作原理图　　　　图 3-2-8　倒挡锁止装置工作原理图

块会被挡板挡住,导致无法挂上倒挡。此时只有按住倒挡按钮,限位块才能越过挡板继续移动,从而挂入倒挡。

二、工作场所

理实一体化教室或汽车实训室。

三、工作器材

上海大众桑塔纳汽车 4 辆,整车解剖教具、汽车变速器部件等。

计划与实施

1. **现场认识**　现场认识任务描述中的汽车变速器及其组成部件,并分析变速器的变速原理。

2. **分组完成任务**　在教师的引导下分组,以小组为单位完成如下任务。

(1) 传动比的计算

一对齿轮的传动比。传动比大小:

$$i_{12} = \omega_1/\omega_2 = Z_2/Z_1$$

转向:外啮合转向相反,取"一"号;

内啮合转向相同,取"十"号。

对于圆柱齿轮传动,从动轮与主动轮的转向关系可直接在传动比公式中表示,即

$$i_{12} = \pm Z_2/Z_1$$

其中"十"号表示主从动轮转向相同,用于内啮合;"一"号表示主从动轮转向相反,用于外啮合。

对于一个轮系:如图 3-2-9 所示为一个简单的定轴齿轮系。运动和动力是由轴 I 经 II 轴传动 III 轴。 I 轴和 III 轴的转速比,亦首轮和末轮的转速比即为定轴齿轮系的传动比:

$i_{14} = n_1/n_4 = n_1/n_3$。

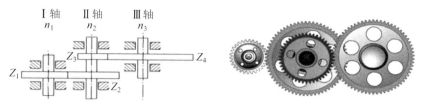

图 3 - 2 - 9　齿轮变速比示意图

齿轮系总传动比应为各齿轮传动比的连乘积,从Ⅰ轴到Ⅱ轴和从Ⅱ轴到Ⅲ轴的传动比分别为:

$$i_{12} = n_1/n_2 = -Z_2/Z_1 \text{；} i_{34} = n_2/n_3 = -Z_4/Z_3$$

$$i_{14} = i_{13} \times i_{34} = \frac{n_1}{n_2} \times \frac{n_2}{n_3} = \frac{-Z_2}{Z_1} \times \frac{-Z_4}{Z_3} = \frac{Z_2 Z_4}{Z_1 Z_3}$$

定轴齿轮系传动比,在数值上等于组成该定轴齿轮系的各对啮合齿轮传动的连乘积,也等于首末轮之间各对啮合齿轮中所有从动轮齿数的连乘积与所有主动轮齿数的连乘积之比。设定轴齿轮系首轮为 1 轮,末轮为 k 轮,定轴齿轮系传动比公式为:

$i = n_1/n_k =$ 各对齿轮传动比的连乘积。

$i_{1k} = (-1)^m$ 所有从动轮齿数的连乘积/所有主动轮齿数的连乘积。

式中:"1"表示首轮,"k"表示末轮,m 表示轮系中外啮合齿轮的对数。当 m 为奇数时传动比为负,表示首末轮转向相反;当 m 为偶数时传动比为正,表示首末轮转向相同。

注意:中介轮(惰轮)不影响传动比的大小,但改变了从动轮的转向。

(2)桑塔纳 2000 两轴式变速器各个挡位的动力传递路线(图 3 - 2 - 10—图 3 - 2 - 15):两轴式变速器变速传动机构主要由第一轴(即动力输入轴)、第二轴(即动力输出轴)、倒挡轴、各挡齿轮及变速器壳体所构成。

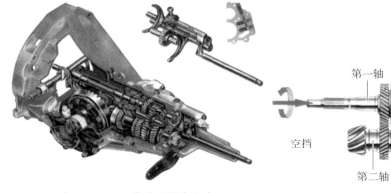

图 3 - 2 - 10　桑塔纳轿车变速器

图 3 - 2 - 11　桑塔纳 2000 的空挡

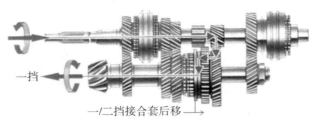

一挡

一/二挡接合套后移

图 3 - 2 - 12 桑塔纳 2000 的一挡

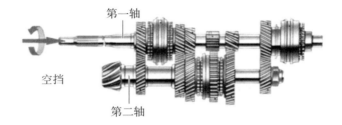

第一轴

空挡

第二轴

三/四挡接合套后移

三挡

图 3 - 2 - 13 桑塔纳 2000 的三挡

第一轴

空挡

第二轴

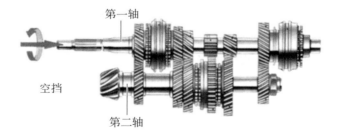

五挡接合套后移

五挡

图 3 - 2 - 14 桑塔纳 2000 的五挡

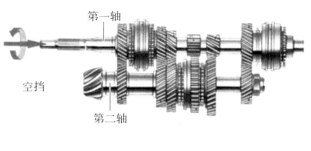

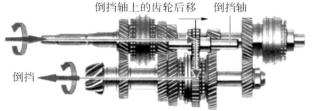

图 3-2-15　桑塔纳 2000 的倒挡

　　两轴是指汽车前进时,传递动力的轴只有第一轴和第二轴。大部分轿车采用两轴式变速器。

　　3. 分组学习并填写表格　在教师的引导下,以小组为单位学习相关技能,并填写桑塔纳 2000 手动变速器各个挡位的动力传递路线。

　　　　一挡
　　　　二挡
　　　　三挡
　　　　四挡
　　　　五挡
　　　　倒挡

评价与反馈

　　1. 反思性问题
　　(1) 桑塔纳 2000 汽车变速器操纵机构为防止自动脱挡,变速器叉轴用_____和_____进行自锁;为防止自动跳挡,在二、三挡与四、五挡的齿座上,都采用中间带凸台的_____,轴间用_____与_____互锁;为防止汽车行驶时误挂入倒挡,在倒挡拨块上装有_____。
　　(2) 变速器换挡装置有哪些结构形式?
　　(3) 对变速器操纵机构有哪些要求? 各用什么装置和措施来保证?
　　2. 拓展性问题　请查阅相关资料,分析一下三轴式手动挡变速器各个挡位的动力传递路线。

3. 操作技能考核　见表 3-2-1。

表 3-2-1　活动评价表

班级:	组别:	姓名:	学号:		
项目	评价内容		评价指标		
			自评	互评	教师评价
关键能力考核项目（30%）	遵守纪律、遵守学习场所管理规定，服从安排（5分）				
	具有安全意识、责任意识、8S 管理意识，注重节约、节能环保（5分）				
	学习态度积极主动，能参加实习安排的活动（7分）				
	注重团队合作与沟通，能自主学习及相互协作（8分）				
	仪容仪表符合活动要求（5分）				
专业能力考核项目（70%）	按要求独立完成工作页（40分）				
	工具、设备选择得当，使用符合技术要求（10分）				
	操作规范，符合要求（5分）				
	学习准备充分、齐全（10分）				
	注重工作效率与工作质量（5分）				
总分					
小组评语			组长签名：　年　月　日		
教师评语			教师签名：　年　月　日		

学习任务 3　手动变速器的拆装

任务描述

客户王先生的一辆上海大众桑塔纳 1.6 型轿车,行驶了 58 000 km。行驶时有时会出现挂不上挡的现象,请按照企业规范要求和汽车运用与维修职业技能等级证书技能培养要求,完成手动变速器拆装并进行检查。

学习目标

学习任务	知识目标	技能目标	素养目标	思政目标
手动变速器的拆装	1. 掌握汽车手动变速器的结构; 2. 掌握手动挡变速器标准解体程序和拆装要领	1. 能够正确讲解手动变速器的结构及其相互装配关系; 2. 能够正确进行手动变速器的拆卸与安装	1. 具有质量意识、环保意识、安全意识; 2. 具有 8S 管理意识	1. 能按照标准进行操作; 2. 提高规范作业意识

建议学时:4 学时。

学习准备

一、知识准备

1. 注意事项

(1) 正确使用工具和量具。

(2) 严格按照拆装程序操作并注意操作安全。

(3) 注意各零部件的清洗和润滑。

(4) 分解变速器时不能用手锤直接敲击零件,必须采用铜棒或硬木垫进行冲击。

2. 桑塔纳 2000 两轴变速器结构　这类变速器(图 3 - 3 - 1)主要由输入和输出两根轴组成,省去了中间轴,传动效率高(图 3 - 3 - 2)。

二、工作场所

理实一体化教室或汽车实训室。

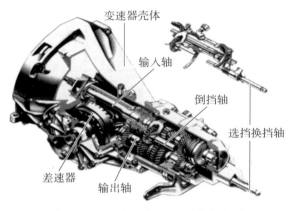

图 3-3-1　桑塔纳 2000 轿车变速器

图 3-3-2　桑塔纳 2000 的齿轮轴

三、工作器材

上海大众桑塔纳汽车手动挡变速器 4 台、常用工具和量具各 4 套、专用工机具、变速器拆装台、拉器、铜棒等。

计划与实施

1. **现场认识**　现场认识任务描述中的汽车变速器及其组成部件。

2. **分组完成任务**　在教师的引导下分组,以小组为单位完成桑塔纳 2000 手动变速器拆装。

（1）拆卸

第一步:拆卸五挡齿轮罩盖,将五挡齿轮拨叉,拉出五挡齿轮及同步器衬套（图 3-3-3）。

第二步:将倒挡轴固定螺栓,拆下两个法兰轴和换挡轴,将变速器壳体紧固螺栓按对角线交叉法旋松并卸下,把变速器壳体小心向上撬起,取下变速器壳体（图 3-3-4）。

图 3-3-3　桑塔纳 2000 变速器分解图（a）

图 3-3-4　桑塔纳 2000 变速器分解图（b）

第三步:取出差速器（图 3-3-5）。

第四步:取下主减速器齿轮及倒挡齿轮（图 3-3-6）。

图 3-3-5　桑塔纳 2000 变速器分解图（c）

图 3-3-6　桑塔纳 2000 变速器分解图（d）

第五步：拆下拨叉（图 3-3-7）。

第六步：取下输入轴与输出轴（图 3-3-8）。

图 3-3-7　桑塔纳 2000 变速器分解图（e）

图 3-3-8　桑塔纳 2000 变速器分解图（f）

（2）观察：变速器内齿轮啮合情况（图 3-3-9）。

仔细观察变速器（输入轴、输出轴、倒挡轴）、拨叉、同步器的结构特点，熟悉各零部件的名称和相互连接关系及作用（图 3-3-10—图 3-3-12）。

图 3-3-9　桑塔纳 2000 变速器分解图（g）

图 3-3-10　桑塔纳 2000 变速器输入轴、输出轴、倒挡轴

图 3-3-11 桑塔纳 2000 变速器拨叉

图 3-3-12 桑塔纳 2000 同步器

（3）装配：按相反顺序装配。

装配注意事项：①装配前各零件的清洗；②各轴承与键槽的润滑；③各齿轮与同步器的方向；④油封涂润滑脂；⑤密封衬垫涂密封胶；⑥轴承用铜棒垂直铳入；⑦各螺栓按规定力矩拧紧；⑧空挡安装，注意各拨叉与接合套的配合。

3. 分组学习并填写表格　在教师的引导下，以小组为单位学习相关技能，并填写手动变速器各个挡位齿轮与轴之间的连接方式。

一挡主动齿轮	
一挡被动齿轮	
二挡主动齿轮	
二挡被动齿轮	
三挡主动齿轮	
三挡被动齿轮	
四挡主动齿轮	
四挡被动齿轮	
五挡主动齿轮	
五挡被动齿轮	
倒挡齿轮	

评价与反馈

1. 反思性问题

（1）变速器拆装的顺序是什么？

（2）变速器拆装用到哪些专业工具？

（3）变速器拆装时需要注意哪些事项？

2. 拓展性问题　请查阅相关资料，变速器齿轮与轴之间有几种连接方式？其特点分别是什么?

3. 操作技能考核　见表 3-3-1。

表 3-3-1　活动评价表

班级:　　　　　组别:　　　　　姓名:　　　　　　学号:

项目	评价内容	评价指标		
		自评	互评	教师评价
关键能力考核项目（30%）	遵守纪律、遵守学习场所管理规定,服从安排(5分)			
	具有安全意识、责任意识、8S 管理意识,注重节约、节能环保(5分)			
	学习态度积极主动,能参加实习安排的活动(7分)			
	注重团队合作与沟通,能自主学习及相互协作(8分)			
	仪容仪表符合活动要求(5分)			
专业能力考核项目（70%）	按要求独立完成工作页(40分)			
	工具、设备选择得当,使用符合技术要求(10分)			
	操作规范,符合要求(5分)			
	学习准备充分、齐全(10分)			
	注重工作效率与工作质量(5分)			
总分				
小组评语		组长签名: 　年　　月　　日		
教师评语		教师签名: 　年　　月　　日		

 **学习任务 4　手动变速器常见故障的检修**

 **任务描述**

客户王先生的一辆上海大众桑塔纳 1.6 型轿车,行驶了 38 000 km。行驶爬坡时,变速杆有时从某挡自动跳回空挡位置,请按照企业规范要求和汽车运用与维修职业技能等级证书技能培养要求,完成拆开手动变速器进行故障检修的任务。

学习目标

学习任务	知识目标	技能目标	素养目标	思政目标
手动变速器的常见故障检修	1. 熟悉汽车手动变速器各部件; 2. 掌握手动挡变速器标准拆装方法; 3. 掌握手动变速器常见故障诊断与维修要领	1. 能够正确进行手动变速器的拆卸与安装; 2. 能够对手动变速器常见故障进行诊断与维修	1. 具有信息素养、工匠精神; 2. 具有 8S 管理意识	1. 增强质量意识; 2. 提高规范作业意识

建议学时:4 学时。

学习准备

一、知识准备

1. 桑塔纳 2000 手动变速器零部件检修　变速器的主要功用就在于改变由发动机传到驱动轮上的转矩和转速,以适应各种行驶条件的需要。应对变速器常见故障进行分析,找出零件损坏的原因和部位,加以适时的维护修理,保持变速器总成状态的完好,满足汽车在各种条件下行驶的需要。

1) 齿轮检修

(1) 轮齿工作表面上有小斑点,如果面积不超过齿面面积的 25%,允许继续使用。

(2) 齿顶有细小剥落,允许继续使用,但必须整修和磨光其锋边利角。

(3) 轮齿表面如有不大于 0.25 mm 的痕迹或阶梯形磨损,允许修平使用。

(4) 轮齿磨损超过 0.25 mm、啮合间隙超过 0.50 mm、长度方向上磨损超过全齿长的 30% 时,必须予以更换。

(5) 齿轮上无论何处产生裂纹,必须更换。

（6）齿轮在轴上磨损松旷，通常用千分表测量齿轮和内座圈之间的游隙来检查（图 3-4-1）。

2）轴的检验与修理

（1）轴的弯曲变形用百分表和 V 形支块检查（径向圆跳动量）（图 3-4-2）。当最大径向圆跳动量达到 0.05 mm 时，应校正或更换。

图 3-4-1 齿轮游隙的测量

图 3-4-2 轴的弯曲变形检测

（2）轴接合齿和花键的齿顶磨损超过 0.25 mm、齿长磨损超过全长 30%、啮合间隙超过 0.5 mm 的损伤程度时，应更换。

（3）用千分尺检查轴颈的磨损情况，轴颈磨损达到 0.04 mm 时，可堆焊后进行修磨、镀铬修复或更换（图 3-4-3）。

（4）滚动轴承或齿轮与轴颈的配合属于过盈配合的，应无间隙，且最大过盈量应不超过原设计规定；属于过渡配合的，其间隙允许比原设计规定增加 0.003 mm；属于间隙配合的，允许比原设计规定增加 0.02 mm。超过规定时，可对轴颈进行刷镀修复。

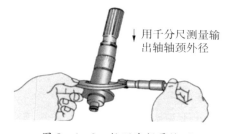

用千分尺测量输出轴轴颈外径

图 3-4-3 轴颈磨损量检测

（5）轴承、轴承挡圈及轴颈如有损坏或轴颈磨损超过轴颈与轴承配合间隙允许的极限时（一般不超过 0.07 mm），必须更换。

（6）轴体上不得有任何性质的裂纹，否则应更换。

3）同步器的检修：将同步环压到换挡齿轮锥面上，按压转动同步环时要有阻力，用塞尺测量环齿与轮齿之间的间隙，如图 3-4-4 所示。其间隙见表 3-4-1。若不符合规定，必须更换同步环。

图 3-4-4 同步器间隙测量

表 3-4-1　桑塔纳轿车同步器环齿与轮齿的间隙

挡位	安装尺寸(新)/mm	磨损极限/mm
第一挡和第二挡	1.1~1.7	0.5
第三挡和第四挡	1.35~1.9	0.5

4) 变速器壳体的检修

(1) 变速器壳体如有裂纹、砂眼均应更换,如砂眼较小可用密封剂进行填补修理。

(2) 变速器轴承孔磨损过大应予以更换,不宜采用镶套修理。

(3) 壳体接合面翘曲变形,平面度误差不应大于 0.15/100 mm。如超过,应用刨、铲和铣等方法予以修复或更换。

5) 变速器操纵结构的检修

(1) 变速叉弯曲可用敲击法校正。导动块和变速叉下端端面磨损严重应焊修或更换新件。

(2) 拨叉轴弯曲应校正或更换。定位销孔磨损应更换新件。

(3) 自锁及互锁装置,定位球、互锁销磨损严重,弹簧变软或折断,均应更换。

二、工作场所

理实一体化教室或汽车实训室。

三、工作器材

上海大众桑塔纳汽车 4 辆,整车解剖教具、汽车手动变速器部件等。

计划与实施

1. 现场认识　现场认识任务描述中的汽车手动变速器及其组成部件,并阐述手动变速器的功用与组成。

2. 分组完成任务　在教师的引导下分组,以小组为单位完成如下任务。

汽车变速器在使用中,常见的故障有跳挡、乱挡、漏油、换挡困难、发响等。这些故障的存在,不但使驾驶员操作困难,难以正常行驶,还可能直接造成机件的损坏,所以发现故障应及时排除。

(1) 跳挡故障诊断与排除

故障现象:汽车重载或爬坡时,变速杆有时从某挡自动跳回空挡位置。跳挡一般是在发动机中高速、负荷突然变化或车辆剧烈震动时发生。

故障原因:①变速器同步器接合套与拨叉轴轴向间隙太大;②自锁装置凹槽与定位钢球磨损松旷,定位弹簧过软或折断;③拨叉弯曲、过度磨损,使齿轮不能正常啮合;④常啮合齿轮轴向间隙太大,各轴轴向间隙或径向间隙太大,或齿套磨损严重;⑤变速器一轴、二轴、曲轴不同轴,或轴承磨损严重、松旷,或轴向间隙过大,使相互啮合的齿轮在传动时摆动或窜动;⑥主轴的花键齿和滑动齿轮的花键槽磨损严重,在运转时上下摆动而引起跳挡。

故障诊断流程(图 3 - 4 - 5)：

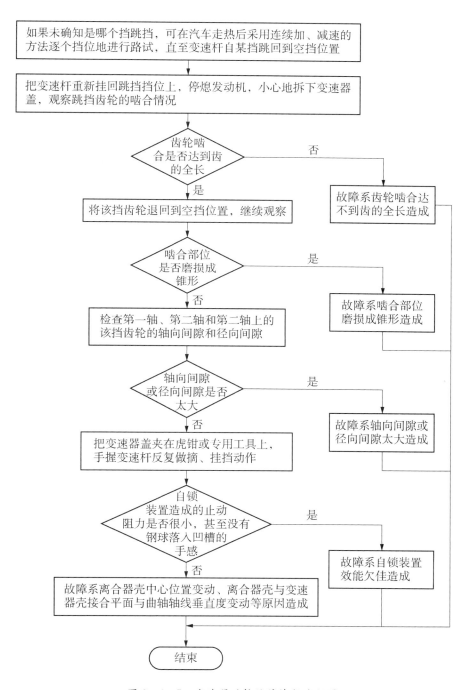

图 3 - 4 - 5　变速器跳挡故障诊断流程图

（2）变速器乱挡故障诊断与排除

故障现象：①变速杆所挂挡位与挡位不符；②虽能挂入所需挡位，但不能退回空挡；③一次挂入两个挡位。

故障原因：①互锁装置使用时间过长，拨叉轴、自锁钢球、互锁柱销等磨损严重，失去互锁作用；②变速杆定位销磨损松旷或折断，失去控制作用；③变速器拨叉轴弯曲、互锁销凹槽磨损，不能起定位作用；④变速器拨叉弯曲或变速杆下端工作面磨损严重，使其不能正确拨动换挡导块而乱挡。

故障诊断流程(图 3 - 4 - 6)：

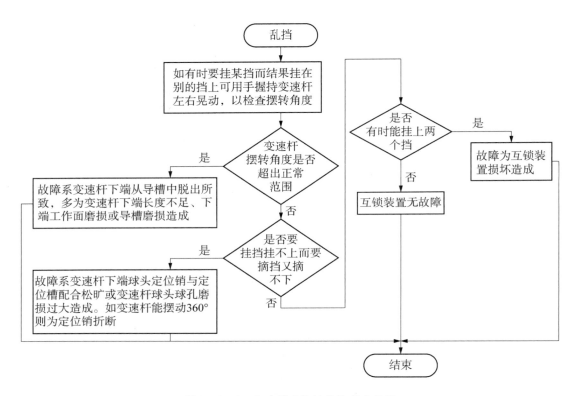

图 3 - 4 - 6　变速器乱挡故障诊断流程图

（3）变速器漏油故障诊断与排除

故障现象：变速器盖周边、壳体侧盖周边、加油口螺塞、放油口螺塞、第一轴油封（或回油螺纹）或各轴承盖等处有明显漏油痕迹。

故障原因：①接合平面变形或加工粗糙；②油封磨损、老化、变形；③回油螺纹与轴颈的安装不同心、回油螺纹沟槽污物沉积严重或有加工毛刺阻碍回油；④油封轴颈磨损成沟槽；⑤加油口、放油口螺塞松动或螺纹损坏；⑥壳体有铸造缺陷或裂纹；⑦通气孔堵塞，造成箱内压力太大；⑧齿轮油加注过多。

故障诊断流程(图 3 - 4 - 7):

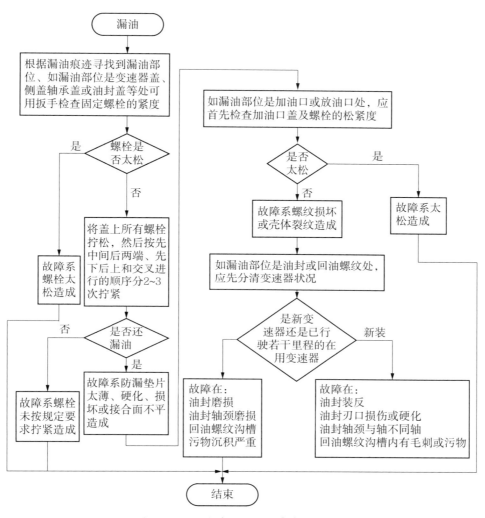

图 3 - 4 - 7 变速器漏油故障诊断流程图

3. 分组学习并填写表格 在教师的引导下,以小组为单位学习相关技能,并填写手动挡变速器其他故障原因。

手动挡变速器挂不上挡的故障原因

手动挡变速器异响的故障原因

📠 评价与反馈

1. 反思性问题 识别下列变速器零部件的测量方法与检测名称。

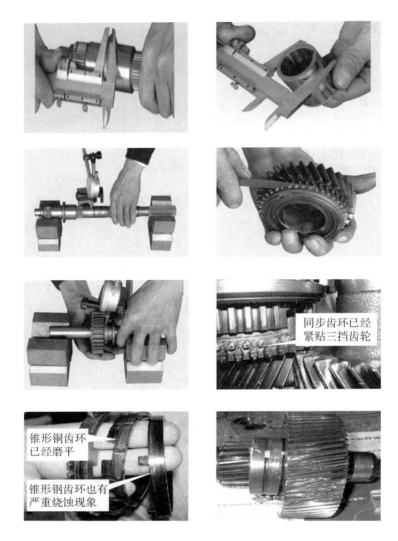

2. 拓展性问题　请查阅相关资料,写出手动变速器异响与挂挡困难的诊断流程。

3. 操作技能考核　见表3-4-2。

表3-4-2　活动评价表

项目	评价内容	评价指标		
		自评	互评	教师评价
关键能力考核项目（30%）	遵守纪律、遵守学习场所管理规定,服从安排(5分)			
	具有安全意识、责任意识、8S 管理意识,注重节约、节能环保(5分)			
	学习态度积极主动,能参加实习安排的活动(7分)			

项目	评价内容	评价指标		
		自评	互评	教师评价
专业能力考核项目（70%）	注重团队合作与沟通，能自主学习及相互协作（8分）			
	仪容仪表符合活动要求（5分）			
	按要求独立完成工作页（40分）			
	工具、设备选择得当，使用符合技术要求（10分）			
	操作规范，符合要求（5分）			
	学习准备充分、齐全（10分）			
	注重工作效率与工作质量（5分）			
总分				
小组评语		组长签名：　　年　　月　　日		
教师评语		教师签名：　　年　　月　　日		

学习单元四　自动变速器的诊断与维修

　　一般人们所说的自动变速器指的是液力自动变速器,通过液压油施力使执行元件动作,控制齿轮变速机构来完成变速,无论"电控"还是"液控"都叫液力自动变速器。它是由液力变矩器和齿轮式自动变速器组合起来的,在自动变速器里变矩器和齿轮式自动变速器为一个整体,即自动变速器。通过本单元的学习,学生应能熟练掌握自动变速器的作用、组成与工作原理,能够正确使用专用工具和设备,按照标准流程进行汽车自动变速器的拆装和故障排除。

本单元的学习任务可以分为
学习任务 1:自动变速器的结构认知与使用;
学习任务 2:自动变速器的拆卸、分解和组装;
学习任务 3:自动变速器常见故障的诊断与排除。

学习任务 1 自动变速器的结构认知与使用

任务描述

汽车实训基地接到大一新生参观汽车底盘实训车间的任务,请你结合上海大众桑塔纳 1.6 型轿车,准确讲述该车自动变速器的结构组成和各个挡位的使用方法。

学习目标

学习任务	知识目标	技能目标	素养目标	思政目标
自动变速器的结构认知与使用	1. 掌握汽车自动变速器的组成和分类; 2. 掌握汽车自动变速器的使用方法	能够正确使用自动变速器换挡杆	1. 具有质量意识、劳动精神; 2. 具有自我管理能力、较强的集体意识和团队合作精神	1. 树立正确的价值观、人生观; 2. 树立积极向上、努力进取的思想

建议学时:2学时。

学习准备

一、知识准备

1. **自动变速器的组成**　自动变速器主要由液力变矩器、齿轮变速机构、液压控制系统、电子控制系统、冷却滤油装置等组成,如图 4-1-1 所示。

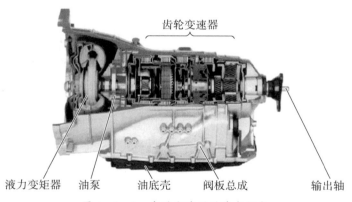

图 4-1-1　自动变速器的基本组成

2. 自动变速器的分类

(1) 按变速方式分类：汽车自动变速器按变速方式的不同，可分为有级变速器(图 4-1-2)和无级自动变速器(图 4-1-3)两种。

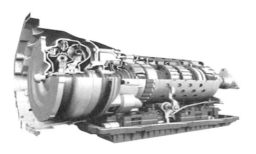

图 4-1-2　有级自动变速器

图 4-1-3　无级自动变速器

(2) 按汽车驱动方式分类：自动变速器按照汽车驱动方式的不同，可分为后驱动自动变速器(图 4-1-4)和前驱动自动变速器(图 4-1-5)两种。

图 4-1-4　后驱动自动变速器

图 4-1-5　前驱动自动变速器

(3) 按自动变速器前进挡的挡位数不同分类：按照自动变速器变速杆置于前进挡时的挡位数，自动变速器可以分为 4 个前进挡、5 个前进挡、6 个前进挡等。

(4) 按齿轮变速器的类型分类：自动变速器按齿轮变速器的类型不同，可分为行星齿轮式和普通圆柱齿轮式两种。

(5) 按控制方式分类：自动变速器按控制方式不同，可分为液力控制自动变速器和电子控制自动变速器两种。

3. 自动变速器的控制面板

1) 自动变速器操作手柄的使用：自动变速器是由驾驶员通过驾驶室内的操作手柄操作的。典型自动变速器操纵手柄如图 4-1-6 所示。

(1) 停车挡(P 位)。

(2) 倒挡(R 位)。

(3) 空挡(N 位)。

(4) 前进挡(D 位)。

(5) 前进低挡(2 位和 L 位)。

图 4-1-6　典型自动变速器操纵手柄

2）自动变速器控制开关的使用：常见的控制开关有以下几种。

（1）超速挡开关（O/D 开关）。

（2）模式开关：①经济模式（Economy）；②动力模式（Power）；③标准模式（Normal）。

（3）手自一体模式。

4. 不同工况下自动变速器的使用

1）启动

正常启动：启动发动机时，应拉紧驻车制动或踩住制动踏板，将自动变速器的操纵手柄置于 P 位或 N 位，此时将点火开关转至启动位置，才能启动发动机。当操纵手柄位于 P 位或 N 位之外的其他任何位置上时，将点火开关转至启动位置，不会启动发动机。原因是多功能开关在 P 和 N 时都闭合，如丰田车把这个开关串装在启动继电器线圈电路上，而美国通用别克车把这个开关与继电器触点电路串联起来，所以易损坏。

2）起步

（1）发动机启动后，必须停留几秒，待变速器内油压建立起来后才能挂挡起步。

（2）起步时应先踩住制动踏板，按锁止按钮，然后再进行挂挡，并查看所挂挡位是否正确，最后松开驻车制动，抬起制动踏板，怠速即可起步，缓慢踩下节气门踏板可加速起步。

（3）必须先挂挡后踩节气门踏板。

3）一般道路行驶

（1）自动变速器的汽车在一般道路上向前行驶时，应将操纵手柄置于 D 位，并打开超速挡开关。这样自动变速器就能根据车速、行驶阻力、节气门开度等因素，在一挡、二挡、三挡及超速挡之中自动升挡或降挡，以选择最适合汽车行驶的挡位。

（2）为了节省燃油，可将模式开关（如果有）设置在经济模式或标准模式。加速时，应平稳缓慢地加大节气门，并尽量让节气门开度保持在小于 1/2 开度的范围内。

（3）为了提高汽车的动力性，可将模式开关（如果有）设置在动力模式。在急加速时，还可以采用"强制低挡"的操作方法，即将节气门踏板迅速踩到全开位置，此时，自动变速器会自动下降一个挡位，获得猛烈的加速效果。当加速的要求得到了满足之后，应立即松开节气门踏板，以防止发动机转速超过极限转速造成损坏。

4）倒车

（1）在汽车完全停稳后，将操纵手柄移至 R 位置。

（2）在平路上倒车时，可完全放松节气门踏板，以怠速缓慢倒车。

（3）如倒车中要越过台阶或突起物，应缓慢加大节气门，在越过台阶后要及时制动。

5）坡道行驶

（1）在一般坡道上行驶时，可按一般道路行驶的方法，将操纵手柄置于 D 位，用节气门或制动踏板来控制上下坡车速。

（2）如果汽车以超速挡在坡道上行驶，因坡道阻力大于驱动力，导致车速下降到一定数值时自动变速器从超速挡降至三挡；到三挡后，又因驱动力大于坡道阻力，汽车被加速，到一定车速时又升挡至超速挡。在这种情况下，可将超速挡开关关闭，限制超速挡的使用，汽车就能在三挡稳定地加速上坡。若坡道较陡,汽车上坡时在三挡和二挡之间"循环跳挡",只要将操纵手柄置于二挡位置,即可使自动变速器在二挡稳定地行驶。

二、工作场所

理实一体化教室或汽车实训室。

三、工作器材

上海大众桑塔纳汽车 4 辆,自动变速器解剖教具等。

计划与实施

1. **现场认识**　现场认识任务描述中的汽车自动变速器各个部件及操纵挡位。

2. **分组学习并回答问题**　在教师的引导下分组,以小组为单位学习相关知识,并回答下列问题。

（1）说出汽车自动变速器的结构组成与分类。

（2）在图 4-1-7 中标识出汽车自动变速器的主要组成部件。

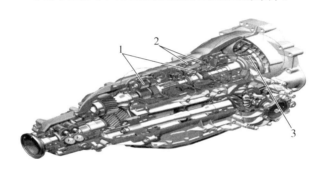

图 4-1-7　汽车自动变速器组成图

3. **分组学习并填写表格**　在教师的引导下,以小组为单位学习相关技能,并填写自动变速器各个挡位的作用。

挡位	作　用
P	
R	
N	
D	
2	
L	

评价与反馈

1. **反思性问题** 指出下列各部件名称，并口述其主要作用。

2. **拓展性问题** 请查阅相关资料，大众 01M 自动变速器属于哪种类型自动变速器？所用车型有哪些？

3. **操作技能考核** 见表 4-1-1。

表 4-1-1　活动评价表

班级：		组别：	姓名：		学号：
项目	评价内容		评价指标		
		自评	互评	教师评价	
关键能力考核项目（30%）	遵守纪律、遵守学习场所管理规定，服从安排（5分）				
	具有安全意识、责任意识、8S 管理意识，注重节约、节能环保（5分）				
	学习态度积极主动，能参加实习安排的活动（7分）				
	注重团队合作与沟通，能自主学习及相互协作（8分）				
	仪容仪表符合活动要求（5分）				

项目	评价内容	评价指标		
		自评	互评	教师评价
专业能力考核项目（70%）	按要求独立完成工作页（40分）			
	工具、设备选择得当，使用符合技术要求（10分）			
	操作规范，符合要求（5分）			
	学习准备充分、齐全（10分）			
	注重工作效率与工作质量（5分）			
总分				
小组评语		组长签名： 　　年　　月　　日		
教师评语		教师签名： 　　年　　月　　日		

学习任务 2 **自动变速器的拆卸、分解和组装**

任务描述

客户王先生的一辆上海大众桑塔纳1.6自动挡型轿车,在上坡负荷加大时,挡位立即跳回到空挡位置。请按照企业规范要求和汽车运用与维修职业技能等级证书技能培养要求,将自动变速器从车辆上拆卸、分解与组装检查。

学习目标

学习任务	知识目标	技能目标	素养目标	思政目标
自动变速器的拆卸、分解和组装	1. 熟悉自动变速器拆装工具的使用; 2. 掌握自动变速器的拆装方法	1. 能够正确选择和使用自动变速器拆装工具; 2. 能够将自动变速器总成从车上拆下及重新安装; 3. 能够正确分解与组装自动变速器	1. 安全注意事项; 2. 具备8S管理意识	1. 讲求科学、探索新知; 2. 培养精益求精的工匠精神

建议学时:4学时。

学习准备

一、知识准备

当对本任务中涉及的桑塔纳自动变速器异常进行诊断维修时,必须先将自动变速器从车辆上拆卸下来。本部分以桑塔纳轿车01N自动变速器为例。

1. 01N自动变速器拆卸准备工作

(1)将车辆开到或推到举升机适当的位置,要求车辆的前后、左右相对于举升机基本对称。

(2)装好翼子板布、前罩、地板垫、转向盘套和座椅套。

(3)将点火开关置于LOCK位置,拆下蓄电池负极电缆。

(4)拆卸附件,拧松节气门拉线调整螺母,从托架上拆下拉线套管,拆卸与节气门摇臂连接的自动变速器节气门拉线,拆下自动变速器上的所有线束插头,拆除车速表软轴、ATF加油管、散热器油管、选挡杆与手控阀摇臂的连接杆等所有与自动变速器连接的零部件。

2. 01N 自动变速器拆卸步骤

第一步:放变速器油,拆卸相应附件

(1) 用 10 号扳手拆下蓄电池负极连接线并扎好,用 17 号套筒松开左、右轮胎螺栓。

(2) 举升车辆至合适高度,拆下左、右轮胎,用起子及 15 号套筒拆下护板。

(3) 用 5 号内六方扳手,拧下变速器油底壳放油螺栓放出变速器油(图 4-2-1)。

(4) 用 13 号扳手拆下起动机连接线及阀体线束(图 4-2-2)。

图 4-2-1　拆卸变速器油底壳放油螺栓

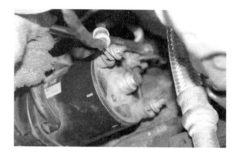
图 4-2-2　拆卸起动机连接线及阀体线束

注意:要在变速器油冷却后进行操作,避免烫伤。

(5) 用 16 号套筒拆下 2 只起动机连接螺栓(图 4-2-3)和 3 只起动机后支架螺栓,取下起动机。

(6) 用 40 N·m 的扭矩安装好放油螺栓(图 4-2-4),移走装油容器。

图 4-2-3　拆卸起动机连接螺栓

图 4-2-4　安装放油螺栓

第二步:拆下大梁及变速器相关连接螺栓

(1) 用 15 号套筒拆三元催化器与排气歧管之间的连接排气装置(图 4-2-5)。

(2) 用 13 号套筒拆下 4 只平衡拉杆螺栓(图 4-2-6),拉下平衡杆。

(3) 用 18 号扳手拆下左、右横拉杆球头螺栓并撬下球头(图 4-2-7)。

(4) 用 18 号套筒拆下左、右前悬架连接螺栓并取出(图 4-2-8)。

(5) 用千斤顶顶起自动变速器,用 18 号套筒拆下 6 只后部大梁螺栓(图 4-2-9)。

(6) 把 4 只前部发动机支架螺栓松开 4 圈,向后推大梁使其落下(图 4-2-10)。

图 4-2-5　拆卸排气装置

图 4-2-6　拆卸平衡拉杆螺栓

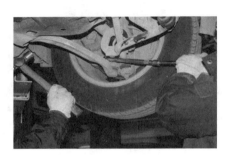

图 4-2-7　拆卸左、右横拉杆球头螺栓

图 4-2-8　拆卸左、右前悬架连接螺栓

图 4-2-9　拆卸后部大梁螺栓

图 4-2-10　拆卸发动机支架螺栓

（7）用起子撬下换挡杆拉索，用 13 号套筒拆下换挡拉索支架（图 4-2-11）。

（8）用 8 号内六方扳手拆下左、右传动轴保护板，用 55 号花键套筒拆下 3 只变矩器螺栓（图 4-2-12）。

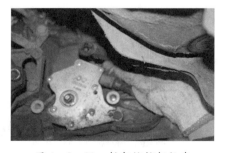

图 4-2-11　拆卸换挡杆拉索

图 4-2-12　拆卸变矩器螺栓

（9）用专用工具 M8 拆下左、右法兰处的传动轴（图 4 - 2 - 13）。

（10）用8号内六角拆下变速器左、右支架，用13号套筒拆下散热器油管并扎好（图4 - 2 - 14）。

图 4 - 2 - 13　拆卸传动轴

图 4 - 2 - 14　拆卸散热器油管

第三步：利用千斤顶拆下自动变速器

（1）放低自动变速器的后部，用 16 号套筒加长接杆与万向节先拆下自动变速器上部 4 只与发动机连接的螺栓，再拆下 5 只下部连接螺栓（图 4 - 2 - 15）。

（2）把变矩器从发动机飞轮中按出，推开变速器使其与发动机分离，拿下飞轮保护板（图 4 - 2 - 16）。

图 4 - 2 - 15　拆卸自动变速器连接螺栓

图 4 - 2 - 16　拆卸飞轮保护板

注意：不要按压飞轮保护板，飞轮保护板易变形；推动自动变速器过程中要避免变矩器与自动变速器分离，防止变矩器掉落。

（3）按住变矩器使其紧靠变速器油泵，将千斤顶慢慢放下，边放下边观察变速器四周有无其他与变速器相连的部件（图 4 - 2 - 17）。

（4）将液力变矩器从变速器中拉出，运出自动变速器（图 4 - 2 - 18）。

图 4 - 2 - 17　拆卸液力变矩器

图 4 - 2 - 18　自动变速器

第四步：将自动变速器装复并固定

（1）用高压水枪清洁散热器及变速器油管并用风枪吹干，检查变速器的定位销是否缺少、支架垫是否破损。

（2）正确安装变矩器，变矩器螺柱底部与变速器钟形接触面的距离约为 23 mm，放好飞轮保护板，再将自动变速器装复并固定。变速器与发动机连接螺栓 M10 螺栓上紧扭矩 45 N·m，M12 螺栓上紧扭矩 65 N·m。

> 注意：1. 要保证安装时油管内没有水和脏污；
> 2. 如飞轮保护板变形应更换；
> 3. 不要将液力变矩器与自动变速器安装在一起运输，防止液力变矩器掉落。

（3）更换散热器油管密封圈装复油管（图 4-2-19），均匀旋紧液力变矩器连接螺栓至 85 N·m。

（4）按照拆装的相反顺序安装附件及传动轴（图 4-2-20），传动轴上紧力矩 77 N·m。

图 4-2-19　更换散热器油管密封圈

图 4-2-20　安装附件及传动轴

（5）装配变速器支架及大梁，变速器支架螺栓上紧扭矩 40 N·m。

（6）降下车辆安装蓄电池负极，以 5 N·m 扭矩旋紧，调整换挡杆拉索使仪表挡位显示准确，以 23 N·m 扭矩旋紧换挡杆支架固定螺栓。

> 注意：1. 安装过程中防止飞轮保护板掉落；
> 2. 推动自动变速器的过程中不要用力过猛，防止自动变速器掉落。

（7）用加油机加注变速器油（图 4-2-21），检查变速箱油位。

（8）更换新的密封垫（图 4-2-22），用 80 N·m 力矩拧紧检查油孔螺栓，检查变速器油底螺栓是否渗漏。

第五步：整理工位

（1）清点工具、设备（图 4-2-23）；摆放整齐。

（2）撤去保护物、打扫工位（图 4-2-24）。

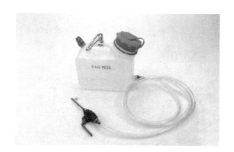

图 4-2-21 加注变速器油

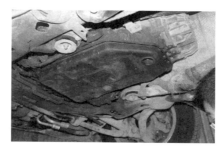

图 4-2-22 更换密封垫

图 4-2-23 工具、设备

图 4-2-24 打扫工位

3. 01N 自动变速器分解

(1) 拆下自动变速器密封塞和 ATF 溢流管(图 4-2-25),排除 ATF。

(2) 拆下液力变矩器。

(3) 用螺栓 1 和螺栓 2 将自动变速器固定到安装架上(图 4-2-26)。

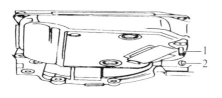

1-溢流管;2-螺栓

图 4-2-25 自动变速器

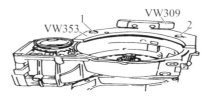

图 4-2-26 固定自动变速器

(4) 拆下变速器壳体上带密封垫圈的端盖(图 4-2-27)。

(5) 拆下油底壳,然后拆下自动变速器油滤网(图 4-2-28)。

图 4-2-27 拆下变速器壳体端盖

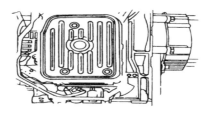

图 4-2-28 拆下变速器油滤网

（6）拆下阀体上的传输线（扁状导线）（图4-2-29）。

（7）拆卸阀体/脱钩操作杆注意：拆下阀体时，手动换挡阀仍然保留在阀体中，拨手动换挡阀，直至它与操作杆脱钩，固定手动换挡阀，使它不脱落（图4-2-30）。

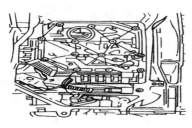

图4-2-29　拆下阀体上的传输线

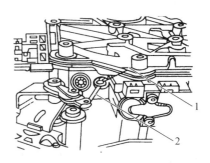

1-手动换挡阀；2-操作杆

图4-2-30　固定手动换挡阀

（8）如图中箭头所示取出密封圈（图4-2-31）。

注意：拆装单向离合器前，应从变速器壳体上拔下密封塞，否则会损坏密封塞和O形密封圈。

（9）拆下自动变速器油泵螺栓（图4-2-32）。

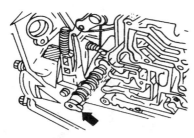

图4-2-31　取出密封圈

图4-2-32　拆下油泵螺栓

（10）将螺栓A（M8）均匀拧入自动变速器油泵螺栓孔内，将自动变速器油泵从变速器壳体中压出（图4-2-33）。

（11）将带有隔离管、B2制动片、弹簧和弹簧盖的所有离合器一起取出（图4-2-34）。

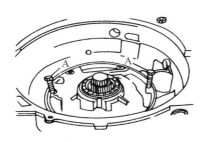

图4-2-33　压出自动变速器油泵

图4-2-34　拆卸离合器

(12) 啮合驻车锁,将旋具插入大太阳轮的孔内,防止齿轮机构转动,以松开小输入轴螺栓(图4-2-35)。

(13) 拆下小输入轴上的螺栓和调整垫圈(图4-2-36),行星齿轮支架的推力滚针轴承留在变速器/主动齿。

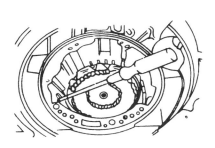

图 4-2-35　松开小输入轴螺栓

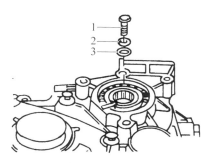

1-螺栓;2-垫圈;3-调整垫片

图 4-2-36　拆下小输入轴上的螺栓
和调整垫圈

(14) 拔出小输入轴。

(15) 拔出大输入轴和大太阳轮。

(16) 拆卸单向离合器前,应先拆下变速器转速传感器(G38)。

(17) 拆下隔离管弹性挡圈(图4-2-37)。

(18) 拔出导流块,拆下单向离合器弹性挡圈 b,如图4-2-38 所示。

(19) 用钳子拔下单向离合器的定位销,该定位销位于变速器壳体油路板一侧。

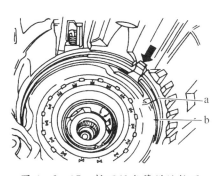

图 4-2-37　拆下隔离管弹性挡圈

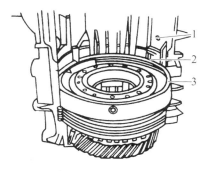

1-ATF 通气孔;2-导流块;3-单向离合器

图 4-2-38　拔下单向离合器的定位销

(20) 把小太阳轮、垫圈以及推力滚针轴承从行星齿轮架中抽出(图4-2-39)。

(21) 拔下带蝶形弹簧的行星齿轮支架,如图4-2-40 所示。

(22) 拆下倒挡制动器 B1 的摩擦片,取出推力轴承和垫圈,需要说明的是分解行星齿轮系不需要拆下齿圈。

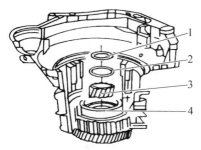

1-推力滚针轴承;2-推力滚针轴承垫;3-小太阳轮;4-行星齿轮支架

图 4-2-39　抽出小太阳轮、垫圈及推力滚针轴承

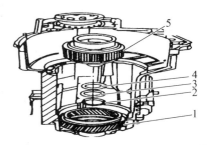

1-主动齿轮(装在变速器壳体上);2、4-推力滚针轴承垫圈;3-推力滚针轴承;5-行星齿轮支架

图 4-2-40　拔下行星齿轮支架

4. 01N 自动变速器的组装

（1）将 O 形密封圈嵌入行星齿轮支架(图 4-2-41)，更换行星齿轮支架需要更换该支架。

（2）将带垫圈的推力滚针轴承以及垫圈和行星齿轮支架装入主动齿轮(图 4-2-42)。

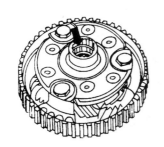

图 4-2-41　嵌入 O 形密封圈

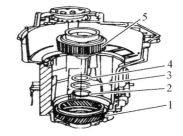

1-主动齿轮(装在变速器壳体上);2、4-推力滚针轴承垫圈;3-推力滚针轴承;5-行星齿轮支架

图 4-2-42　将推力滚针轴承、垫圈和行星齿轮装入主动齿轮

（3）将小太阳轮、垫圈和推力滚针轴承装到行星齿轮支架上。

（4）使垫圈、推力滚针轴承与小太阳轮中心对齐(图 4-2-43)。

（5）装入低倒挡制动器 B1 的内、外片，装入压板，扁平面朝向片组，压板厚度按制动片数量不同而有所不同。

（6）装入蝶形弹簧，凸起面朝向单向离合器。如果更换变速器壳体、单向离合器、低倒挡制动器 B1 活塞和摩擦片，则需更调整低倒挡制动器 B1。

（7）用专用工具 3267 张开单向离合器、滚子，并装上单向离合器(如果没有专用工具，可将牙签插入保持架卡住辊子)(图 4-2-44)。

（8）安装单向离合器弹性挡圈 b(图 4-2-45)。注意:装弹性挡圈时开口装到定位楔上(如图箭头所示)。

（9）将导流块装入变速器壳体上具有 ATF 通气孔的槽内，卡在两弹性挡圈之间。

（10）将隔离管弹性挡圈 a 装到单向离合器定位楔上。

（11）安装变速器转速传感器 G38(图 4-2-46)。

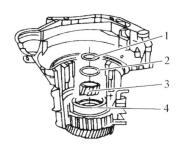

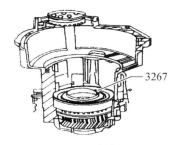

1-推力滚针轴承;2-推力滚针轴承垫;3-小太阳
轮;4-行星齿轮支架

图 4-2-43　对齐

图 4-2-44 安装单向离合器

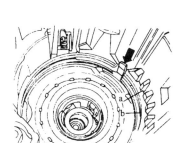

图 4-2-45　安装单向离合器弹性挡圈

1-ATF通气孔;2-导流块

图 4-2-46　安装变速器转速传感器

（12）测量制动器 B1 间隙。

（13）将大太阳轮、推力滚针轴承垫圈（台肩朝向大太阳轮）、推力滚针轴承、大输入轴、滚针轴承、小输入轴部件装入变速器壳体。

（14）安装带有垫圈 2 和调整垫圈 3 的小输入轴螺栓 1。螺栓的拧紧力矩为 $30\,\mathrm{N\cdot m}$。将调整垫圈 3 装到小输入轴台肩上（箭头所示），确定调整垫圈厚度，调整行星齿轮支架（图 4-2-47）。

（15）将带垫圈的推力滚针轴承 1 装到三挡/四挡离合器 K3 上，用自动变速器油或凡士林涂到推力滚针轴承垫圈，以便安装时轴承粘到 K3 上（图 4-2-48）。

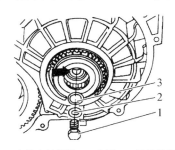

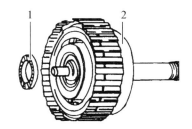

1-小输入轴螺栓;2-垫圈;3-调整垫圈

图 4-2-47　安装小输入轴螺栓

1-带垫圈的推力滚针轴承;二三挡/四挡离合器 K3

图 4-2-48　将推力滚针轴承装到离合器 K3

（16）保证活塞环正确地坐落在 K3 上且活塞环的两端相互钩住。

（17）安装三挡/四挡离合器 K3。

(18) 将 O 形密封圈装入槽内,如箭头所示(图 4-2-49)。

(19) 装入一挡/三挡离合器 K1(图 4-2-50)。

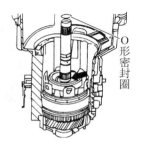

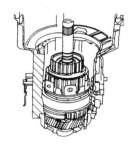

图 4-2-49　安装 O 形密封圈　　　　图 4-2-50　装入离合器 K1

(20) 将调整垫圈(图中箭头所示)装入 K1(图 4-2-51)。注意:更换 K1、K2 或自动变速器油泵后,需重新测量调整垫片厚度,可用 1 个或 2 个调整垫圈。

(21) 装入倒挡离合器 K2(图 4-2-52)。

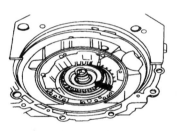

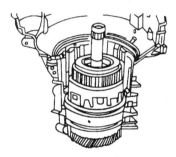

图 4-2-51　安装调整垫圈　　　　　图 4-2-52　安装倒挡离合器

(22) 装入制动器 B2 片组隔离管,安装时应使隔离管上的槽进入单向离合器的楔。

(23) 如图,安装 B2 的制动片(图 4-2-53)。先装上一个 3 mm 厚外片,将 3 个弹簧盖装入外片,插入压力弹簧(箭头所示),直到把最后一个外片装上。安装最后一片已测量的外片前,应先把 3 个弹簧盖装到压力弹簧上,装上波形弹簧垫片。

(24) 装入最后一个 3 mm 厚外摩擦片;装入调整垫片,把止推环装到调整垫片上,光滑侧朝着调整垫片(图 4-2-54)。如果更换了隔离、自动变速器油泵、制动,应调整二挡和四

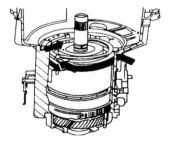

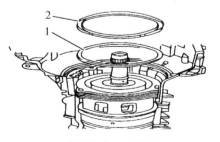

图 4-2-53　安装 B2 的制动片

1-调整垫片;2-止推环

图 4-2-54　装入调整垫片

挡制动器 B2。

（25）安装自动变速器油泵密封垫圈。

（26）将 O 形密封圈装到自动变速器油泵上。

（27）安装自动变速器油泵。

（28）均匀交叉拧紧螺栓。注意：不要损坏 O 形密封圈，螺栓拧紧力矩为 8 N·m，螺栓拧紧后再拧 90°，此时可分几步进行。

（29）测量制动离合器 B2 间隙。

（30）安装密封塞。注意：安装时需使凸缘进入变速器壳体槽内，将 O 形密封圈装到密封塞上，将密封塞装到变速器壳体中（箭头所示）（图 4 - 2 - 55）。

（31）将操纵杆装到手动滑阀上，手动换挡阀 1 带阶梯面朝向操纵杆 2 并转动，将带手动阀的操纵杆装入滑阀箱（图 4 - 2 - 56）。

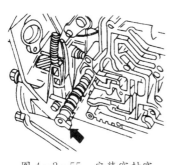

图 4 - 2 - 55　安装密封塞

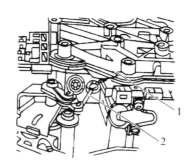

1-手动换挡阀；2-操纵杆

图 4 - 2 - 56　将操纵杆装到手动换挡阀

（32）手动阀操纵杆的调整：将选换挡轴置于变速杆位置 P，将带手动阀的操纵杆插入滑阀箱并插入底（箭头方向）。用 4 N·m 力矩拧紧螺栓（图 4 - 2 - 57）。注意：手动滑阀必须靠紧抬肩，拧螺栓时应按箭头方向打牢靠。必须更换手动滑阀上带固定卡箍的螺栓。

（33）安装阀体。先用手拧紧阀体螺栓，然后交叉地从外侧至内侧将螺栓拧紧至 5 N·m。整理扁状导线，整理时不要弯折或扭转导线。将导线的薄膜插头插入变速器壳体内，并且拧紧螺栓（图 4 - 2 - 58）。

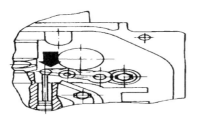

图 4 - 2 - 57　调整手动阀操纵杆

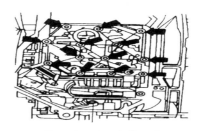

图 4 - 2 - 58　安装阀体

（34）安装 ATF 过滤网。将油密封圈压到 ATF 过滤网的吸入颈圈上，将 ATF 过滤网按入阀体约 3 mm（不要按到底），当安装油底壳时，ATF 过滤网会被推到正确的安装位置

（图 4 - 2 - 59）。

（35）用 VW418 套管（尺寸 40 cm×20 cm）敲入盖板（图 4 - 2 - 60）。

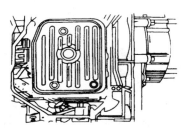

图 4 - 2 - 59 安装 ATF 过滤网

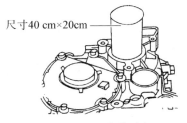

尺寸40 cm×20cm

图 4 - 2 - 60 安装盖板

（36）装上自动变速器溢流管和螺栓（图 4 - 2 - 61）。

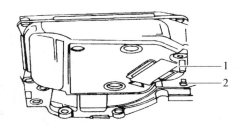

1

2

1-溢流管；2-螺栓

图 4 - 2 - 61 装自动变速器溢流管和螺栓

二、工作场所

理实一体化教室或汽车实训室。

三、工作器材

上海大众桑塔纳汽车 4 辆,举升机、01N 自动变速器 4 台、拆装专用工具、凡士林,ATF 液等。

计划与实施

1. 现场拆卸与分解 现场拆卸与分解 01N 自动变速器。

2. 分组学习并回答问题 在教师的引导下分组,以小组为单位学习相关知识,并回答下列问题。

（1）01N 自动变速器拆卸步骤是什么？

（2）如何按照正确规程分解 01N 自动变速器？

3. 分组学习并填写表格 在教师的引导下,以小组为单位学习相关技能,并填写 01N 自动变速器拆卸与分解所用工具。

名称	工具
01N 自动变速器拆卸	
01N 自动变速器分解	

评价与反馈

1. 反思性问题　指出下列自动变速器各个部件名称。

2. 拓展性问题　请查阅相关资料,01M 与 01N 自动变速器结构有何区别?
3. 操作技能考核　见表 4 - 2 - 1。

表 4 - 2 - 1　活动评价表

班级:　　　　组别:　　　　姓名:　　　　学号:

项目	评价内容	评价指标		
		自评	互评	教师评价
关键能力考核项目(30%)	遵守纪律、遵守学习场所管理规定,服从安排(5分)			
	具有安全意识、责任意识、8S 管理意识,注重节约、节能环保(5分)			
	学习态度积极主动,能参加实习安排的活动(7分)			
	注重团队合作与沟通,能自主学习及相互协作(8分)			

项目	评价内容	评价指标		
		自评	互评	教师评价
专业能力考核项目（70%）	仪容仪表符合活动要求(5分)			
	按要求独立完成工作页(40分)			
	工具、设备选择得当,使用符合技术要求(10分)			
	操作规范,符合要求(5分)			
	学习准备充分、齐全(10分)			
	注重工作效率与工作质量(5分)			
总分				
小组评语		组长签名:　　年　　月　　日		
教师评语		教师签名:　　年　　月　　日		

学习任务 3　自动变速器常见故障的诊断与排除

任务描述

客户王先生的一辆上海大众桑塔纳 1.6 型轿车,无论操纵手柄位于倒挡、前进挡或前进低挡,汽车都不能行驶。需要对其自动变速器进行故障诊断与排除。

学习目标

学习任务	知识目标	技能目标	素养目标	思政目标
离合器的维护	1. 熟悉自动变速器检测仪器与专用工具的使用方法; 2. 掌握汽车自动变速器的检修方法	1. 能够正确选择和使用自动变速器检测仪器与专用工具; 2. 能够按照正确步骤检修自动变速器	1. 具有精益求精的工匠精神; 2. 具备 8S 管理意识	1. 提高效率意识; 2. 能安全、规范操作,提高安全作业意识

建议学时:4 学时。

学习准备

一、知识准备

随着汽车技术的迅速发展,自动变速器在性能上不断改进和提高,这对自动变速器使用与维护提出了更高的要求。自动变速器在使用过程中,由于使用的时间过长或维护不当,会造成汽车起步困难、换挡不便或失控、加速迟钝、油耗增加等故障。自动变速器一旦出现故障,应及时排除。如果不及时进行检查排除,将会加速自动变速器元器件的磨损甚至损坏。

1. 检修步骤　自动变速器一旦出现故障,检测诊断的难度较大。在没有确定故障部位时,不能随便进行解体检修。自动变速器从发动机上分离并解体后,由于缺少 ATF 液压控制,此时对自动变速器只能检查机械系故障,其他部分的故障没有办法进行检查,因此必须按照规范步骤进行故障诊断与排除。步骤如下:

(1) 根据驾驶员的故障叙述进行确认操作。

(2) 根据确认的故障进行直观检查。

(3) 利用检测仪器或自诊断系统,读取故障代码。如果有故障代码,按代码进行故障的范围检查;如果无故障代码,进行下一步检查。

(4) 根据故障的现象,进行必要的试验操作,确定故障的性质和具体的范围。

(5) 根据上一步的试验结果,按范围和部位检修自动变速器。

(6) 进行道路试验,检验故障是否排除。

2. 故障自诊断 桑塔纳 01N 型自动变速箱自诊断:

1) 进行自动变速箱故障自诊断的条件。

(1) 换挡杆放在 P 挡上,并且拉紧驻车制动器。

(2) 汽车的供电电压正常。

(3) 熔丝 12 号、15 号和 31 号完好(图 4-3-1)。

(4) 变速器的搭铁点位于发动机舱内、蓄电池下左侧,检查变速器的搭铁点是否有腐蚀现象和接触是否良好,如有必要进行修理。

(5) 检查蓄电池的搭铁线以及蓄电池和变速器之间的搭铁线是否良好。

2) 连接故障阅读仪 V. A. G1551 并选择功能。

(1) 打开驻车制动器手柄旁边的诊断插座上方的盖板,在点火开关关闭时,用导线 V. A. G1551/3 连接好故障阅读仪 V. A. G1551,如图 4-3-2 所示。

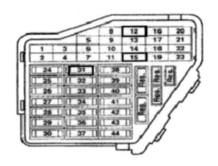

图 4-3-1 检查 12、15 号和 31 号熔丝

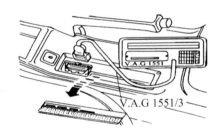

图 4-3-2 连接故障阅读仪

(2) 接通点火开关,这时显示器上将交替显示(1、2 交替显示)(图 4-3-3):

V. A. G-SELF-DIAGNOSIS	HELP
1-Rapid data transfer	
2-Flash code output	
V. A. G 自诊断	帮助
1-快速数据传输	
2-闪烁代码输出	

图 4-3-3 显示数据

(3) 按 Print(打印)按钮,接通打印机(按钮内的指示灯应亮)。

(4) 按"1"键,执行"Rapid data tranafer(快速数据传输)"模式(图 4-3-4),显示器上显示:

```
Rapid data transfer                      HELP
Enter address word      XX
```
```
快速数据传输                              帮助
输入地址码   XX
```

图 4 - 3 - 4　快速数据传输

注意：①可按"HELP（帮助）"键，调用附加的操作说明；②可按"00"键，执行"自动检测"，系统会自动查询汽车上的所有控制单元。

（5）输入数字键 0 和 2，选择"变器电子系统"，显示器上将显示（图 4 - 3 - 5）。

```
Rapid data transfer                      Q
02 Gearbox electronics
```
```
快速数据传输                              Q
02 变速箱电子系统
```

图 4 - 3 - 5　变器电子系统

（6）按"Q"键确认，显示器上将显示控制单元识别代号（图 4 - 3 - 6）、编码和使用 V. A. G1551 的经销商代号。

```
01N 927 733BA AG4 Gearbox 01N      2754
Coding 00000                       wsc00000
```
```
01N 927 733BA AG4 变速箱    01N     2754
编码 00000                          wsc00000
```

图 4 - 3 - 6　控制单元识别代号

其中：01N　927　733 为控制单元的零件号（最新的控制单元版本见配件目录）；AG4 变速器 01N，即为 4 挡自动变速 01N；2754 为程序版本；编码 00000，目前不需要；wsc00000 为最近一次编码故障阅读仪 V. A. G1551 的经销商代号。

① 如果显示器上显示（图 4 - 3 - 7）：

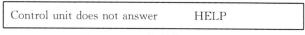
```
Control unit does not answer          HELP
```

图 4 - 3 - 7　控制单元不回答

按"HELP"键，打印出一份可能的故障原因列表。排除可能的故障原因后，应当再一次输入查询"变速器电子系统"的地址词"02"，并按"Q"键确认。

② 如果显示器上再一次出现"Control unit does not answer（控制单元不回答）"，应检查控制单元的供电电压，以及至诊断插座的导线连接。

（7）按"→"键，显示器上将显示（图 4 - 3 - 8）：

```
Rapid data transfer          HELP
Select function   ××
```

图 4-3-8 可执行功能

（8）按"HELP"键之后，可列出所有可执行功能的列表，可选择的功能如下：①01——查询控制单元版本；②02——查询故障代码；③04——执行基本设定；④05——清除故障存储；⑤06——结束输出；⑥08——读测试数据块。

3）查询故障代码

（1）连接故障阅读仪 V. A. G1551，输入地址码 02-变速箱电子系统（图 4-3-9）。屏幕显示：

```
Rapid data transfer          HELP
Select function   XX

快速数据传输          帮助
选择功能   XX
```

图 4-3-9 变速箱电子系统

（2）输入数字键 0 和 2，查询故障代码（图 4-3-10）。屏幕显示：

```
Rapid data transfer          Q
02-Interrogate fault memory

快速数据传输          Q
02-查询故障存储
```

图 4-3-10 查询故障代码

（3）按"Q"键确认。屏幕上显示存储的故障数量（图 4-3-11）或"No faults recognized！"（没有识别到故障）：

```
X   faults recognized！

X 个故障被识别！
```

图 4-3-11 故障识别

（4）按"→"键依次显示所有故障代码直至结束。

4）清除故障代码。

5）进行基本设定。

进行下列修理之后，应当进行基本设定：①更换发动机；②更换发动机控制单元；③更换/改变节气门；④调整节气门（设定怠速）；⑤更换节气门电位计 G69；⑥改变节气门电位计 G69 的设置；⑦更换自动变速箱控制单元 J217。

3. 自动变速器常见故障的诊断与排除

1）汽车不能行驶故障的诊断

（1）故障现象：①无论操纵手柄位于倒挡、前进挡或前进低挡，汽车都不能行驶；②冷车启动后汽车能行驶一小段路程，但热车状态下汽车不能行驶。

（2）故障原因：①自动变速器油底渗漏，液压油全部漏光；②操纵手柄和手动阀摇臂之间的连杆或拉索松脱，手动阀保持在空挡或停车挡位置；③油泵进油滤网堵塞；④主油路严重泄漏；⑤油泵损坏。

（3）故障诊断与排除：①检查液压油油面高度，过低则查找漏油部位，修复并调整油面高度，如图4-3-12所示；②油面高度正常，看冷车能否行驶，如果能则检查油泵是否磨损过甚，磨损过甚则更换油泵；③如冷车、热车均不能行驶，则检查操纵手柄与手动阀摇臂的连接是否松脱，如果松脱则重新连接并调整；④检查主油路油压，如果油压正常，则检查输入轴、输出轴或行星排是否损坏。⑤如果油压过低或为0，则拆卸油底壳，检查进油滤网是否堵塞，如堵塞应清洗或更换滤网；⑥如正常则检查手动阀，手动阀如松脱或折断应重新连接或更换。

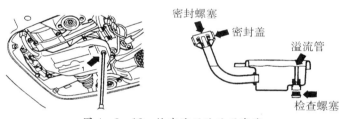

图4-3-12　检查液压油油面高度

2）无前进挡故障的诊断

（1）故障现象：①汽车倒挡行驶正常，在前进挡时不能行驶；②操纵手柄在D位时不能起步，在S位、L位（或2位、1位）可以起步。

（2）故障原因：①前进挡离合器严重打滑；②前进单向超越离合器打滑或装反；③前进挡离合器油路严重泄漏；④操纵手柄调整不当。

（3）故障诊断与排除：①检查操纵手柄位置是否正常，不正常则按规定重新调整；②测量前进挡主油路油压是否正常，若油压过低，说明主油路有泄漏，应拆检自动变速器，更换前进挡油路上各处的密封圈和密封环；③若油路油压正常，应拆检前进挡离合器。若摩擦片表面磨损严重、变形或烧焦，应及时更换；④若主油路油压和前进离合器均正常，则应拆检单向离合器，看安装方向是否正确以及有无打滑。如装反，应重新安装；如有打滑，应更换新件。

3）无倒挡故障的诊断

（1）故障现象：汽车在前进挡能正常行驶，但在倒挡时不能行驶。

（2）故障原因：①操纵手柄调整不当；②倒挡油路泄漏；③倒挡及高挡离合器或低挡及倒挡制动器打滑。

（3）故障诊断与排除：①检查操纵手柄位置是否正常，不正常则调整；②若位置正常，检查倒挡主油路油压是否正常,若太低,说明倒挡油路泄漏,应拆检自动变速器予以修复。③若倒挡油路油压正常,应拆检自动变速器,更换损坏的离合器片或制动器片。

4)自动变速器异响

(1)故障现象:在汽车运转过程中,自动变速器内始终有异响声;汽车行驶的自动变速过程中有异响,停车挂空挡后异响消失。

(2)故障原因:①油泵因磨损过甚或自动变速器油面高度过低、过高而产生异响;②液力变矩器因锁止离合器、导轮单向超越离合器等损坏而产生异响;③行星齿轮机构异响;④换挡执行元件异响。

(3)故障诊断与排除:自动变速器的异响主要发生在机械和液压两个系统上。异响声源主要有:齿轮机构、轴承、油泵、摩擦片、主减速器及液力变矩器液流噪声等。诊断时首先应确定异响声源的部位,再进行相关零部件的故障排除。①检查自动变速器油面高度。若太高或太低,应调整至正确高度;②用举升机将汽车顶起,启动发动机,在空挡、前进挡、倒挡等状态下检查自动变速器产生异响的部位和时间;③若在任何挡位自动变速器前部始终有连续的异响,通常为油泵或液力变矩器异响。对此,应拆检自动变速器,检查油泵有无磨损、液力变矩器内有无摩擦粉末。如有异常,应更换油泵或液力变矩器;④若自动变速器只有在行驶中才有异响,空挡时无异响,则为行星齿轮机构有异响。应分解自动变速器,检查行星齿轮机构各个零件有无损坏。如有异常,应予以更换。

二、工作场所

理实一体化教室或汽车实训室。

三、工作器材

上海大众桑塔纳汽车4辆,举升机、01N自动变速器4台、拆装专用工具、凡士林、ATF液等。

🔷 计划与实施

1. **进行自诊断** 按照操作流程对现场桑塔纳01N型自动变速箱进行自诊断。

2. **分组学习并回答问题** 在教师的引导下分组,以小组为单位学习相关知识,并回答下列问题。

如何判断自动变速器常见的故障现象和部位?

3. **分组学习并填写表格** 在教师的引导下,以小组为单位学习相关技能,并填写下列编号含义。

V. A. G-SELF-DIAGNOSIS	
1-Rapid data transfer	
2-Flash code output	

评价与反馈

1. 反思性问题　挂挡后发动机怠速易熄火的原因是什么?
2. 拓展性问题　请查阅相关资料,01V 型自动变速箱如何自诊断?
3. 操作技能考核　见表 4-3-1。

表 4-3-1　活动评价表

班级:　　　　　组别:　　　　　姓名:　　　　　学号:

项目	评价内容	评价指标		
		自评	互评	教师评价
关键能力考核项目(30%)	遵守纪律、遵守学习场所管理规定,服从安排(5分)			
	具有安全意识、责任意识、8S 管理意识,注重节约、节能环保(5分)			
	学习态度积极主动,能参加实习安排的活动(7分)			
	注重团队合作与沟通,能自主学习及相互协作(8分)			
	仪容仪表符合活动要求(5分)			
专业能力考核项目(70%)	按要求独立完成工作页(40分)			
	工具、设备选择得当,使用符合技术要求(10分)			
	操作规范,符合要求(5分)			
	学习准备充分、齐全(10分)			
	注重工作效率与工作质量(5分)			
总分				
小组评语		组长签名: 　年　　月　　日		
教师评语		教师签名: 　年　　月　　日		

学习单元五　万向传动装置的诊断与维修

　　汽车的发动机、离合器和变速箱是连成一体固装在车架上的，而驱动桥则通过弹性悬架与车架连接，所以变速器输出轴与驱动桥的输入轴的轴线不在同一平面上。当汽车行驶时，车轮的跳动会造成驱动桥与变速器的相对位置不断变化，变速器的输出轴与驱动桥的输入轴不可能刚性连接，应装有万向传动装置。通过本单元的学习，学生应能熟练掌握万向传动装置的作用、组成与工作原理，能够正确使用专用工具和设备，按照标准流程进行汽车万向传动装置的拆装和维修。

本单元的学习任务可以分为
学习任务 1：万向传动装置的功用与组成；
学习任务 2：万向传动装置的拆装；
学习任务 3：万向传动装置的维修与保养。

任务描述

汽车实训基地接到大一新生参观汽车底盘实训车间的任务,请结合上海大众桑塔纳 1.6 型轿车,准确讲述该车万向传动装置的功用、组成,并辨识汽车万向传动装置的各个部件。

学习目标

学习任务	知识目标	技能目标	素养目标	思政目标
万向传动装置的功用与组成	1. 掌握汽车万向传动装置的功用与组成; 2. 掌握汽车万向传动装置的结构类型	1. 能够准确讲解汽车万向传动装置的功用与组成; 2. 能够识别汽车万向传动装置的各个部件	1. 具有安全意识、劳动精神; 2. 具有良好的沟通交流能力	1. 树立正确的价值观、人生观; 2. 能在团队间进行良好的组织协调,树立团队意识

建议学时:2 学时。

学习准备

一、知识准备

1. 万向传动装置的功用与组成

(1)万向传动装置的功用:万向传动装置的作用是连接不在同一直线上的变速器输出轴和主减速器输入轴,并保证在两轴之间的夹角和距离经常变化的情况下,仍能可靠地传递动力。在汽车传动系统中,为了实现一些轴线相交或相对位置经常变化的转轴之间的动力传递,必须采用万向传动装置,如图 5-1-1 所示。但要注意,在安装时必须使传动轴两

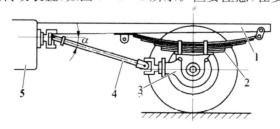

1-车架;2-后悬架;3-驱动桥;4-万向传动装置;5-变速器

图 5-1-1 万向传动装置的应用

端的万向节又处于同一平面。

（2）万向传动装置的位置：在汽车传动系统中，万向传动装置主要用于发动机前置后轮驱动汽车的变速器与驱动桥之间，如图 5-1-2 所示。当变速器与驱动桥之间距离较远时，应将传动轴分成两段甚至多段，并加设中间支撑，如多轴驱动汽车的分动器与驱动桥之间或驱动桥与驱动桥之间，如图 5-1-3 所示。万向传动装置除了用于汽车的传动系统外，还可用于动力输出装置、转向操纵机构等。

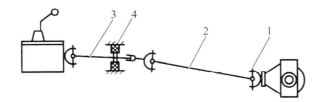

1-万向节；2-传动轴；3-前传动轴；4-中间支撑

图 5-1-2　变速器与驱动桥之间

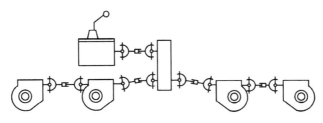

图 5-1-3　分动器与驱动桥之间或驱动桥与驱动桥之间

越野汽车的前轮既是转向轮又是驱动轮。作为转向轮，要求在转向时可以在规定范围内偏转一定角度；作为驱动轮，则要求半轴在车轮偏转过程中不间断地把动力从主减速器传到车轮。因此，半轴不能制成整体而必须分段，中间用等角速万向节相连。

在发动机与变速器之间，独立悬架与差速器之间，转向驱动车桥的差速器与车轮之间，汽车的动力输出装置和转向操纵机构中，均可采用万向传动装置，如图 5-1-4 所示。

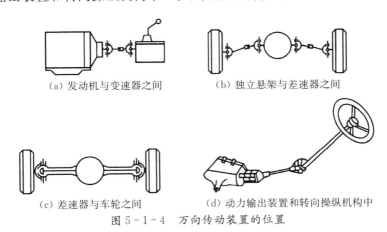

（a）发动机与变速器之间　　　　（b）独立悬架与差速器之间

（c）差速器与车轮之间　　　　（d）动力输出装置和转向操纵机构中

图 5-1-4　万向传动装置的位置

（3）万向传动装置的组成：万向传动装置一般由万向节、传动轴和中间支撑等组成，是在轴线相交且相对位置经常变化的两转轴之间可靠传递动力的一种装置，如图 5-1-5 所示。

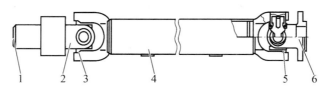

1-至变速器输出轴；2-滑动叉；3-前万向节；4-传动轴焊接组件；5-后万向节；6-连接凸缘叉

图 5-1-5　万向传动装置的组成

2. 万向传动装置的结构

1）万向节：万向节按其扭转方向上是否有明显的弹性分为刚性万向节和挠性万向节。前者是靠零件的铰链式连接来传递动力的，而后者是靠弹性零件来传递动力的，且有缓冲减振作用。汽车上采用刚性万向节较多，刚性万向节按其速度特性又分为不等速万向节、准等速万向节和等速万向节。汽车上采用的不等速万向节有十字轴式，准等速万向节有三销轴式、双联式等，等速万向节有球叉式、球笼式等。不等速万向节主要用在发动机前置、后轮驱动的变速器和驱动桥之间。前轮驱动汽车普遍使用等速万向节。发动机后置、后轮驱动的汽车也使用等速万向节。若驱动桥为独立悬架，则半轴外侧也用等速万向节。

（1）挠性万向节：具有无须润滑、结构简单等优点，其结构如图 5-1-6 所示，是由橡胶件将主被动轴叉交错连接而成，依靠橡胶件的弹性变形，吸收传动系统中的冲击载荷并衰减扭转振动，能够实现 3°~5°的轴线偏转和微小轴向位移。

（2）十字轴式刚性万向节：由十字轴、万向节叉和轴承等组成，其结构如图 5-1-7 所示。其中两万向节叉上的孔分别套在十字轴的两对轴颈上，这样当主动轴转动时，从动轴既可随之转动，又可绕十字轴中心在任意方向摆动。在十字轴轴颈和万向节叉孔间装有滚针轴承，滚针轴承外周靠卡环轴向定位。为了润滑轴承，十字轴上一般安有注油嘴，并有油路通向轴颈。润滑油可从注油嘴注入十字轴轴颈的滚针轴承处。

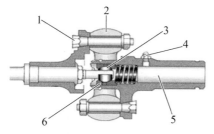
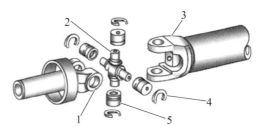

1-螺丝；2-橡胶件；3-万向球；	1-套筒叉；2-十字轴；3-万向节叉；4-卡环；
4-黄油嘴；5-传动突缘；6-球座	5-轴承外圈
图 5-1-6　挠性万向节	图 5-1-7　十字轴式万向节结构

（3）准等速万向节：在转向驱动桥和断开式驱动桥中，由于分段半轴在布置上受轴向尺寸限制，而且转向轮要求偏转角度较大，一般在 30°~40°，并要等速或接近等速传动，刚性十

字轴双万向节传动已难以适应,故在转向驱动桥及断开式驱动桥中广泛采用各种形式的准等速万向节和等速万向节。

准等速万向节实际上是根据上述双万向节实现等速传动的原理设计而成的,只能近似地实现等速传动,所以称为准等速万向节。常见的有三销轴式、双联式等。

① 双联式万向节:双联式万向节实际上是一套传动轴长度减缩至最小的双万向节等速传动装置,如图5-1-8所示。双联叉相当于传动轴及两端处于同一平面上的两个万向节叉。欲使轴1和轴2的角速度相等,应保证两轴间的夹角相等,即 $\alpha_1 = \alpha_2$。

双联式万向节可使两轴之间有较大的夹角,并具有结构简单、制造方便、工作可靠等优点,因此在转向驱动桥中应用较广泛,延安SX2150、斯太尔等汽车均采用了这种结构。

② 三销轴式万向节:三销轴式万向节是由双联式万向节演变而来的准等速万向节。东风

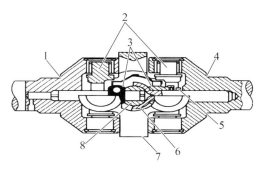

1、4-万向节叉;2-十字轴;3-弹簧;5-油封;6-球碗;7-双联叉;8-球头

图5-1-8　双联式万向节工作原理

EQ2080型越野汽车和红岩CQ2160重型越野汽车转向驱动桥均采用三销轴式准等速万向节。

如图5-1-9所示是东风EQ2080型汽车转向驱动桥中的三销轴式万向节,由主动偏心轴叉2、从动偏心轴叉4、两个三销轴1和3及6个滑动轴承和密封件等组成。

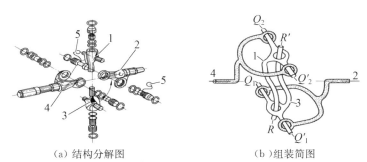

(a)结构分解图　　　　　　(b)组装简图

1、3-三销轴;2-主动偏心轴叉;4-从动偏心轴叉;5-推力垫片

图5-1-9　三销轴式准等速万向节

在与主动偏心轴叉2相连的三销轴3的两个轴颈端面和轴承座之间装有推力垫片5,其余轴颈端面均无推力垫片,且轴颈端面与轴承座之间留有较大的空隙,以保证在转向时三销轴式万向节不致发生运动干涉现象。

三销轴式万向节的优点是允许相邻两轴间有较大交角,最大可达45°。在转向驱动桥中采用这种万向节可使汽车获得较小的转弯半径,提高了汽车的机动性。其缺点是结构尺寸大。目前,三销轴式万向节在中、重型载货汽车上都有应用。

(4)等速万向节:等速万向节保证万向节在工作过程中,其传力点永远位于两轴交点的

平分面上,因此两个齿轮旋转的角速度也相等。目前采用较广泛的有球叉式万向节和球笼式万向节。

① 球叉式万向节:球叉式万向节的结构如图5-1-10所示,由主动叉6、从动叉1、4个传动钢球5和定心钢球4组成。其主动叉6与从动叉1分别与内、外半轴制成一体。在主、从动叉上各有4个曲面凹槽,装合后,形成两条相交的环形槽,作为传动钢球5的滚道,4个传动钢球5装于槽中,定心钢球4放在两叉中心的凹槽内,以定中心。

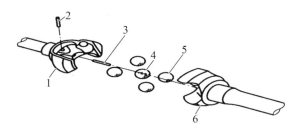

1-从动叉;2-锁止销;3-定位销;4-定心钢球;5-传动钢球;6-主动叉

图5-1-10　球叉式等角速万向节结构

球叉式万向节结构简单,允许最大交角为32°~38°。但由于前行时只有两个钢球传力,倒车时则由另外两个钢球传力,故钢球与曲面滚道之间接触压力较大,磨损较快。随着凹槽的磨损,万向节工作的准确性就会下降,并且这种万向节的制造工艺较复杂,因此它用于中、小型越野汽车的转向驱动桥上,如北京BJ2020。

② 球笼式万向节:球笼式碗形万向节如图5-1-11所示,主要由星形套7、球笼4、球形壳8及钢球6等组成。星形套7通过内花键与中段半轴9相连接,用卡环9、隔套7和碟形弹簧8轴向限位。星形套7的外表面有6条曲面凹槽,形成内滚道。球形壳8与带花键的外半轴制成一体,内表面制有相应的6条曲面凹槽,形成外滚道。球笼4上有6个窗孔。装合后6个钢球分别装于6条凹槽中,并用球笼使之保持在一个平面内。工作时,转矩由主动轴1传至星形套7,经6个均布的钢球6传给球形壳8,并通过球形壳上的花键轴传至转向驱动轮,使汽车行驶。

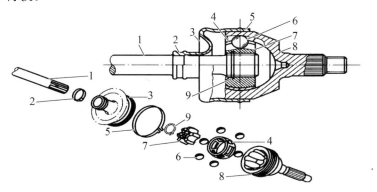

1-主动轴;2、5-钢带箍;3-外罩;4-球笼;6-钢球;7-星形套;8-球形壳;9-卡环

图5-1-11　球笼式碗形万向节

球笼式等速万向节可在两轴最大交角为 42°的情况下传递转矩,无论传动方向如何,6个钢球全部传力。与球叉式万向节相比,在相同的外廓尺寸下,其承载能力强、使用寿命长、结构紧凑、拆装方便,因此应用越来越广泛。目前国内外多数轿车的前转向驱动桥采用这种万向节,如红旗 CA7220、一汽奥迪 100、捷达、高尔夫和上海桑塔纳等轿车。

2)传动轴:采用万向传动装置在有一定距离的两部件之间传递动力时,一般需要在万向节之间安装传动轴。如果两部件之间的距离发生变化,而万向节又没有伸缩功能,则还要将传动轴做成两段,用滑动花键连接。

传动轴一般由传动轴带、滑动叉总成、中间传动轴及中间支撑总成组成。其中中间传动轴的前端与变速箱的输出法兰盘相连接。中间支撑位于车架的横梁下,其轴承可以轴向微量滑动,以此来补偿轴向位置安装误差,减少轴承的轴向受力。

传动轴一般设有由滑动叉和花键轴组成的滑动花键,以实现传动长度的变化。为减小传动轴花键连接部分的轴向滑动阻力和磨损,须加注润滑脂进行润滑。加注润滑脂的位置如图 5-1-12 所示。

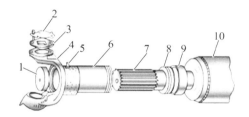

1-盖子;2-盖板;3-盖垫;4-万向节叉;5-加油嘴;6-伸缩套;
7-滑动花键槽;8-油封;9-油封盖;10-传动轴管
图 5-1-12　加注润滑脂的位置

传动轴能适应因路面不平和车轮上下跳动引起的传递距离与角度的变化,可将来自变速箱的输出扭矩和旋转运动传递到驱动桥,以驱动车轮转动。

传动轴总成出厂时必须 100%进行动平衡校验,并在合适的部位焊接平衡片,以满足传动轴总成的平衡要求。

3)中间支撑:中间支撑是将中间传动轴连接到车架横梁上的装置,其结构如图 5-1-13 所示。一般由圆柱球轴承、橡胶垫、轴承座、油封、加油嘴等组成。它实际上是一个通过轴承座和橡胶垫安装在车身上的轴承,用来支撑传动轴的一端。

二、工作场所

理实一体化教室或汽车实训室。

1-轴承;2-橡胶垫;3-轴承座
图 5-1-13　中间轴承的结构

三、工作器材

十字轴式刚性万向节、球笼式等速万向节、传动轴和中间支承等汽车万向传动装置实物配件。

计划与实施

1. **现场认识** 现场认识任务描述中的汽车万向传动装置各个部件。

2. **分组学习并回答问题** 在教师的引导下分组,以小组为单位学习相关知识,并回答下列问题。

(1)说明汽车万向传动装置的组成和作用。

(2)解释等速万向节的等速原理(图5-1-14)。

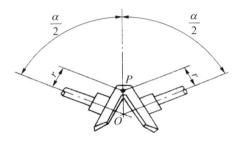

图5-1-14 等速万向节的工作原理

3. **分组学习并填写表格** 在教师的引导下,以小组为单位学习相关技能,并填写常见万向节安装位置。

万向节			

评价与反馈

1. **反思性问题** 指出下列各零部件名称。

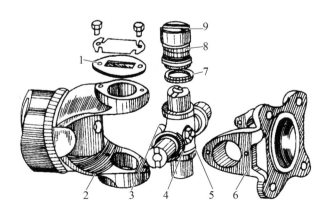

2. 拓展性问题　请查阅相关资料，十字轴万向节、准等速万向节、等速万向节分别应用在什么车型上？

3. 操作技能考核　见表 5-1-1。

表 5-1-1　活动评价表

班级：　　　　　组别：　　　　　姓名：　　　　　学号：

项目	评价内容	评价指标		
		自评	互评	教师评价
关键能力考核项目（30%）	遵守纪律、遵守学习场所管理规定，服从安排（5分）			
	具有安全意识、责任意识、8S 管理意识，注重节约、节能环保（5分）			
	学习态度积极主动，能参加实习安排的活动（7分）			
	注重团队合作与沟通，能自主学习及相互协作（8分）			
	仪容仪表符合活动要求（5分）			
专业能力考核项目（70%）	按要求独立完成工作页（40分）			
	工具、设备选择得当，使用符合技术要求（10分）			
	操作规范，符合要求（5分）			
	学习准备充分、齐全（10分）			
	注重工作效率与工作质量（5分）			
总分				
小组评语		组长签名：　　年　　月　　日		
教师评语		教师签名：　　年　　月　　日		

学习任务 2 万向传动装置的拆装

任务描述

客户王先生的一辆上海大众桑塔纳1.6型轿车,在汽车起步时,传动装置发出"抗"的一声。当汽车缓慢行驶时,传动装置发出"呱啦、呱啦"的响声。请按照企业规范要求和汽车运用与维修职业技能等级证书技能培养要求,对万向传动装置进行拆装和检查。

学习目标

学习任务	知识目标	技能目标	素养目标	思政目标
万向传动装置的拆装	1. 熟悉汽车万向传动装置拆装工具的使用; 2. 掌握汽车万向传动装置的拆装方法	1. 能够正确选择和使用汽车万向传动装置的拆装工具; 2. 能够将汽车万向传动装置从车上拆下及重新安装; 3. 能够正确分解与组装汽车万向传动装置	1. 安全注意事项; 2. 具备8S管理意识	1. 培养责任意识、质量意识; 2. 培养精益求精的工匠精神

建议学时:4学时。

学习准备

一、知识准备

汽车行驶过程中,万向传动装置要承受很大的转矩和冲击载荷,若润滑条件及工作环境较差,则它会出现各种损伤。出现故障时,就需要对万向传动装置进行拆装与分解来检修。

1. **拆卸传动轴** 拆卸传动轴前,要在前后车轮处塞楔块,防止汽车移动。在每个万向节叉凸缘上做记号,如图5-2-1所示,以便按原位装复,保证万向传动装置的平衡性。

拆下后桥凸缘螺栓,拉出传动轴总成。

如图5-2-2(a)所示,用铁锤轻敲凸缘叉,拆下凸缘。如图5-2-2(b)所示,用铁锤轻敲传动轴凸缘叉,拆下轴承和十字轴。

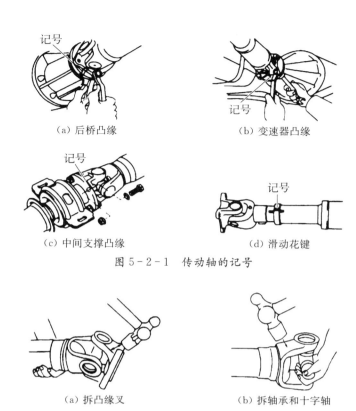

(a) 后桥凸缘　　　　　　　　　(b) 变速器凸缘

(c) 中间支撑凸缘　　　　　　　(d) 滑动花键

图 5-2-1　传动轴的记号

（a）拆凸缘叉　　　　　　　　（b）拆轴承和十字轴

图 5-2-2　拆十字轴

2. 装配万向传动装置

（1）用清洁的煤油彻底清洗零件,特别是十字轴油道、轴颈和滚针轴承,再用压缩空气吹干。检查传动轴管平衡片是否脱落。

（2）安装中间支撑:安装中间支撑后,将传动轴花键轴插入凸缘内。架起汽车后轮,边转后轮边紧固中间支撑的螺栓,以便对正中心,最后拧紧到规定力矩。

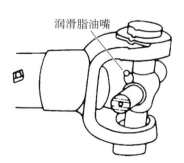

图 5-2-3　润滑脂油嘴朝向传动轴

万向转动装置装配:保证十字轴上润滑脂油嘴朝向传动轴,如图 5-2-3 所示,并在一条线上;传动轴两端万向节叉要在同一平面上;两万向节叉凸缘上的记号要对齐。

（3）加注润滑脂。用润滑脂枪加注汽车锂基润滑脂或二硫化钼锂基润滑脂,直到从油封刃口、气孔有少量新润滑脂被挤出为止。

二、工作场所

理实一体化教室或汽车实训室。

三、工作器材

上海大众桑塔纳汽车 4 辆,万向节、传动轴等各种实物配件。

计划与实施

1. 现场认识　现场认识任务描述中的汽车万向传动装置组成。

2. 分组学习并回答问题　在教师的引导下分组,以小组为单位学习相关知识,并回答下列问题。

如何清洗万向节(图 5 - 2 - 4)?

图 5 - 2 - 4　万向节

3. 分组学习并填写表格　在教师的引导下,以小组为单位学习相关技能,并填写汽车传动轴的拆装步骤。

评价与反馈

1. 反思性问题　十字轴、中间支撑轴承的间隙如何进行检测?

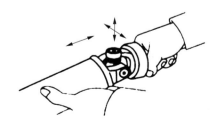

2. 拓展性问题 请查阅相关资料,汽车万向传动装置一级维护、二级维护的内容分别是什么?

3. 操作技能考核 见表 5-2-1。

表 5-2-1 活动评价表

班级: 组别: 姓名: 学号:

项目	评价内容	评价指标		
		自评	互评	教师评价
关键能力考核项目(30%)	遵守纪律、遵守学习场所管理规定,服从安排(5分)			
	具有安全意识、责任意识、8S 管理意识,注重节约、节能环保(5分)			
	学习态度积极主动,能参加实习安排的活动(7分)			
	注重团队合作与沟通,能自主学习及相互协作(8分)			
	仪容仪表符合活动要求(5分)			
专业能力考核项目(70%)	按要求独立完成工作页(40分)			
	工具、设备选择得当,使用符合技术要求(10分)			
	操作规范,符合要求(5分)			
	学习准备充分、齐全(10分)			
	注重工作效率与工作质量(5分)			
总分				
小组评语		组长签名: 年 月 日		
教师评语		教师签名: 年 月 日		

学习任务 3　万向传动装置的维修与保养

任务描述

　　客户王先生的一辆上海大众桑塔纳 1.6 自动挡型轿车,在汽车起步或突然改变车速时,传动轴发出"抗"的响声;在汽车缓行时,发出"咣当、咣当"的响声。请按照企业规范要求和汽车运用与维修职业技能等级证书技能培养要求,对万向传动装置进行维修与保养。

学习目标

学习任务	知识目标	技能目标	素养目标	思政目标
万向传动装置的维修与保养	1. 熟悉汽车万向传动装置的保养种类; 2. 掌握汽车万向传动装置零部件的检修方法	1. 能够正确对汽车万向传动装置零部件进行检修; 2. 能够正确检修万向传动装置常见故障	1. 具有良好的职业道德和职业素养; 2. 具备 8S 管理意识	1. 讲求科学、探索新知; 2. 培养精益求精的工匠精神

　　建议学时:4 学时。

学习准备

一、知识准备

　　汽车行驶过程中,万向传动装置需要承受很大的转矩和冲击载荷。如果润滑条件及工作环境较差,则它会出现各种损伤,尤其是载货汽车传动轴管很长,行驶在不良的道路上,冲击载荷的峰值往往会超过正常值的一倍,以致万向传动装置的连接松动、弯曲、扭曲和磨损超限,配合精度降低,动平衡特性、速度特性被破坏,产生振动、异响,传动效率明显下降,甚至发生断裂事故,因此要重视万向传动装置的维护和检修。

　　1. 万向传动装置的维护

　　(1)日常维护:万向传动装置的日常维护主要是清洁、检查和紧固。清洁是为了改善零件工作环境,发现问题。这项工作对新车走合期尤其重要,因为传动装置的螺栓在冲击载荷下很容易松动、脱落。

　　(2)一级维护:一级维护时应进行润滑和紧固作业。对传动轴的十字轴、传动轴滑动叉、中间支承轴承等加注锂基或钙基润滑脂,但不能用钠基润滑脂,因为它抗水性能差,容易被水冲掉。每次加油应确认油嘴畅通,发现不通的油嘴应及时更换;检查传动轴各部螺栓和螺母的紧固情况,特别是万向节叉凸缘连接螺栓和中间支承支架的固定螺栓等,应按规定的力矩拧紧。

（3）二级维护:二级维护时,应进行检查与调整。万向传动装置应全部分解,清洗检查。旧车检查传动轴十字轴的轴承间隙方法如图 5-3-1 所示。十字轴轴承的配合,用手应不能感觉出轴向位移量和径向移动量,并运转自如,无异响等。对传动轴中间支承轴承,应检查其是否松旷及运转中有无异响,当其径向松旷超过规定,或者不能自由转动,或者拆检轴承出现黏着磨损时,应更换中间支承轴承。

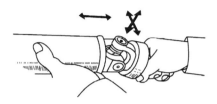

图 5-3-1　十字轴的检查方法

中间支承轴承经使用磨损后,须及时检查和调整,以恢复其良好的技术状况。以 CA10 91 型汽车为例,其传动系统中间支承为双列圆锥滚子轴承,有两个内圈和一个外圈,两内圈中间有一个隔套,供调整轴向游隙用。

磨损使中间支承轴向游隙超过 0.3 mm 时,将引起中间支承发响和传动轴严重振动,导致各传力部件早期损坏。

调整方法:拆下凸缘和中间轴承,将调整隔板适当磨薄,传动轴承在不受轴向力的自由状态下,轴向间隙在 0.15～0.25 mm 之间,装配完成后用 195～245 N·m 的扭矩拧紧凸缘螺母,保证轴承轴向间隙在 0.05 mm 左右,即转动轴承外圈而无明显的轴向游隙为宜,最后从润滑油嘴注入足够的润滑脂,以减小磨损。

2. 万向传动装置的检修

1）传动轴的检修:传动轴轴管表面不得有明显凹痕。传动轴上的轻微凹陷不得多于 4 处,总面积不得超过 5 cm²,超过时必须进行堆焊修正,并做动平衡试验,轴上不允许有任何裂纹。

传动轴弯曲程度的检验方法如图 5-3-2(a)所示,用 V 形铁把传动轴或中间传动轴两端支起来,用百分表测量中间轴管外径的径向全跳动。按《汽车修理技术规范》:轴管全长小于 1 m 时,其径向跳动应不大于 0.8 mm;轴管全长大于 1 m 时,其径向跳动应不大于 1 mm。若超过此极限值,应在校正机上进行校正,如图 5-3-2(b)所示。

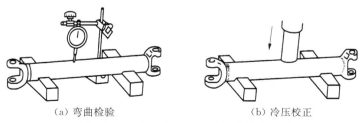

(a)弯曲检验　　　　　　　　　　　(b)冷压校正

图 5-3-2　传动轴的弯曲检验和冷压校正

校正后的传动轴和中间传动轴径向跳动应不大于0.4 mm,轿车传动轴相应减小0.2 mm,传动轴与中间轴承结合的圆柱面以及花键轴外表的径向圆跳动公差为0.15 mm,万向节叉两轴承孔公共轴线对传动轴轴线的垂直度公差一般为0.1~0.3 mm。

2)传动花键轴、滑动叉的检修:由于传动轴传递的转矩很大,因此花键轴和滑动叉间的磨损也较大,其配合侧隙的检验如图5-3-3所示,将滑动叉夹持在台钳上,按装配标记将花键轴插入套管叉,并使部分花键露在外面。转动花键轴,用百分表测出花键侧面的读数变化值,此变化值为侧隙,轿车侧隙应不大于0.15 mm,其他类型汽车的侧隙应不大于0.3 mm,装配后要滑动自如,否则应更换滑动叉。

3)万向节叉、十字轴及轴承的检修

(1)检查万向节叉,要求不得有裂纹,否则应予更换。

(2)检查十字轴,其轴颈表面不得有疲劳磨损、磨损沟槽等。若轴颈表面有轻微剥落,可用油石打光剥落表面后继续使用。若压痕深度超过0.1 mm,则应予更换。

(3)检查十字轴滚针轴承与十字轴轴颈的配合间隙,方法如图5-3-4所示。将十字轴夹在台钳上,滚针轴承套在十字轴轴颈上,用百分表抵住轴承壳外面最高点,用手上、下推动滚针轴承壳,百分表上指针移动的变化值即为轴承与十字轴配合的间隙值。此间隙值应小于0.05 mm,否则应更换轴承。十字轴安全阀应良好,油封应不漏油。

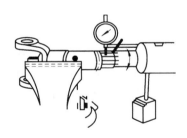 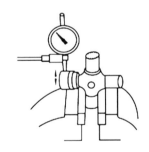

图5-3-3 滑动叉与花键轴配合 　　　图5-3-4 检查十字轴轴承与轴
　　　　　的侧隙检查 　　　　　　　　　　　颈的配合间隙

(4)十字轴轴承滚针不得有严重的烧蚀、锈蚀、疲劳磨损,否则应成套更换。滚针轴承的油封失效、滚针断裂、轴承内圈有疲劳剥落时,也应成套更换。

4)中间支承轴承及支架的检修:检查中间支承轴承的旋转是否灵活,有无异响;中间轴承油封及橡胶垫环老化发硬时应予以更换。

外观检查:检查轴承滚珠、滚柱和外滚道上有无烧伤、金属剥落或保持架有无裂纹、铆钉松动等情况,若发现其中之一,均应更换轴承。

中间支承轴承的轴向间隙和径向间隙是衡量轴承磨损程度的一个重要参数。拆下中间支承前,可以在中间支承附近摇动传动轴,检查中间支承轴承的松旷程度。传动轴中间支承轴承不应有过分松旷、变色或明显损坏现象。轴承径向间隙应小于0.05 mm,轴向间隙应小于0.5 mm,否则应更换轴承。

把中间支承支架分解并清洗,然后观察支架的前、后油封有无磨损,油嘴螺纹有无损伤,支架有无破裂,橡胶环等有无腐蚀老化,若出现以上情况,均应更换新件。

5)等速万向节的检修:检查星形套、球笼、球形壳及钢球有无凹陷、磨损、裂纹、麻点等,如有则更换。检查防护罩是否有刺破、撕裂等损坏现象,如有则更换。

6)传动轴组合件的平衡试验:传动轴组合件经焊接修理后,原有的动平衡已不复存在,因此,传动轴组合件包括滑动套应重新进行动平衡试验。任何一端的动不平衡量应符合原厂规定,一般为:轿车应不大于 10 g·cm,其他车型当轴管外径在 30~50 mm,应不大于 30 g·cm,轴管外径在 50~80 mm,应不大于 50 g·cm。在传动轴两端,允许焊平衡片校正,但每端不得多于 3 片。

3. 万向传动装置常见故障检修　万向传动装置由于经常受汽车在复杂道路上行驶的影响,使传动轴在其角度和长度不断变化的情况下传递转矩,因此常出现传动轴动不平衡、万向节与中间支承松旷、发响等故障。

1)传动轴动不平衡

(1)现象:在万向节和伸缩叉技术状况良好时,汽车行驶中发出周期性的响声;速度越高响声越大,甚至伴随有车身振动,握转向盘的手感觉麻木。

(2)原因:①传动轴上的平衡块脱落;②传动轴弯曲或传动轴管凹陷;③传动轴管与万向节叉焊接不正或传动轴未进行过动平衡试验和校准;④伸缩叉安装错位,造成传动轴两端的万向节叉不在同一平面内,不满足等速传动条件。

(3)故障诊断与排除方法:①检查传动轴管是否凹陷:若有凹陷,则故障由此引起;无凹陷,则继续检查。②检查传动轴管上的平衡片是否脱落,若脱落,则故障由此引起;否则继续检查。③检查伸缩叉安装是否正确,若不正确,则故障由此引起;否则继续检查。④拆下传动轴进行动平衡试验,动不平衡,则应校准以消除故障。若弯曲应校直。

2)万向节松旷

(1)现象:在汽车起步或突然改变车速时,传动轴发出"抗"的响声;在汽车缓行时,发出"咣当、咣当"的响声。

(2)原因:①凸缘盘连接螺栓松动;②万向节主、从动部分游动角度太大;③万向节十字轴磨损严重。

(3)故障诊断与排除方法:①用榔头轻轻敲击各万向节凸缘盘连接处,检查其松紧度。若太松旷,则故障由连接螺栓松动引起,否则继续检查。②用双手分别握住万向节主、从动部分转动,检查游动角度。若游动角度太大,则故障由此引起。

3)中间支承松旷

(1)现象:汽车运行中出现一种连续的"呜呜"响声,车速越高响声越大。

(2)原因:①滚动轴承缺油烧蚀或磨损严重;②中间支承安装方法不当,造成附加载荷而产生异常磨损;③橡胶圆环损坏;④车架变形,造成前后连接部分的轴线在水平面内的投影不同线而产生异常磨损。

(3)故障诊断与排除方法:①给中间支承轴承加注润滑脂,若响声消失,则故障由缺油引起;否则继续检查;②松开夹紧橡胶圆环的所有螺钉,待传动轴转动数圈后再拧紧,若响声消失,则故障由中间支承安装方法不当引起。否则故障可能是橡胶圆环损坏、滚动轴承技术状况不佳、车架变形等引起。

4）传动轴异响

（1）现象：汽车行驶中传动装置发出周期性的响声；车速越高响声越大，严重时伴随有车身振抖。

（2）原因：主要是传动轴动不平衡，由传动轴变形或平衡块脱落等导致；其次是中间支承吊架固定螺栓松动或万向节凸缘盘连接螺栓松动，使传动轴偏斜。

（3）故障诊断与排除：除"传动轴动不平衡"诊断方法外，再检查中间支承吊架固定螺栓和万向节凸缘盘连接螺栓是否松动，若有松动，则异响由此引起。

二、工作场所

理实一体化教室或汽车实训室。

三、工作器材

上海大众桑塔纳汽车 4 辆，汽车万向传动装置实物配件等。

计划与实施

1. 现场认识　现场认识任务描述中的汽车万向传动装置的零部件。

2. 分组学习并回答问题　在教师的引导下分组，以小组为单位学习相关知识，并回答下列问题。

汽车万向传动装置为什么要设中间支承？

3. 分组学习并填写表格　在教师的引导下，以小组为单位学习相关技能，并填写汽车万向传动装置保养项目内容。

保养项目	保养内容

评价与反馈

1. 反思性问题　传动轴的检修项目包括哪些？

2. 拓展性问题　请查阅相关资料，汽车起步或变速时万向传动装置有撞击声，试分析并排除。

3. 操作技能考核　见表 5 - 3 - 1。

表 5-3-1　活动评价表

班级：　　　　　组别：　　　　　姓名：　　　　　　学号：

项目	评价内容	评价指标		
		自评	互评	教师评价
关键能力考核项目（30%）	遵守纪律、遵守学习场所管理规定，服从安排（5分）			
	具有安全意识、责任意识、8S 管理意识，注重节约、节能环保（5分）			
	学习态度积极主动，能参加实习安排的活动（7分）			
	注重团队合作与沟通，能自主学习及相互协作（8分）			
	仪容仪表符合活动要求（5分）			
专业能力考核项目（70%）	按要求独立完成工作页（40分）			
	工具、设备选择得当，使用符合技术要求（10分）			
	操作规范，符合要求（5分）			
	学习准备充分、齐全（10分）			
	注重工作效率与工作质量（5分）			
总分				
小组评语		组长签名： 　年　　月　　日		
教师评语		教师签名： 　年　　月　　日		

学习单元六 驱动桥的诊断与维修

汽车驱动桥是汽车底盘上一个很重要的系统,它将万向传动装置输入的动力经降速增矩,改变动力传递方向,通过半轴驱动左右车轮使汽车行驶,并可实现左右驱动轮以不同的转速旋转。通过本单元的学习,学生应能准确讲述汽车驱动桥及其主要零部件的作用、组成,能够正确使用专用工具和设备,按照标准流程进行汽车驱动桥的维修。

本单元的学习任务可以分为

学习任务 1:驱动桥的功用与组成;

学习任务 2:驱动桥主要零部件的结构与作用;

学习任务 3:驱动桥的维修。

驱动桥的功用与组成

任务描述

汽车实训基地接到大一新生参观汽车底盘实训车间的任务，请你结合上海大众桑塔纳1.6型轿车，准确讲述该车驱动桥的功用，并辨识汽车驱动桥的各个部件。

学习目标

学习任务	知识目标	技能目标	素养目标	思政目标
驱动桥的功用与组成	1. 掌握汽车驱动桥的功用与组成； 2. 熟悉汽车驱动桥的分类	1. 能够熟练辨识汽车驱动桥各部件； 2. 能够正确讲解汽车驱动桥的功用	1. 具有良好的职业道德和职业素养； 2. 具备良好的沟通能力和解决新问题的能力	1. 树立生命至上、安全第一的意识； 2. 培养学生对汽车保养知识学习的兴趣，激发学习动力

建议学时：2学时。

学习准备

一、知识准备

1. **汽车驱动桥的组成** 驱动桥是传动系统中最后一个总成，主要由主减速器、差速器、半轴和桥壳组成。一般汽车的驱动桥总体构造如图6-1-1所示。

2. **汽车驱动桥的功用** 驱动桥的作用是将万向传动装置输入的动力经降速增矩，改变动力传递方向，通过半轴驱动左右车轮使汽车行驶，并可实现左右驱动轮以不同的转速旋转。驱动桥各部分的功用如下。

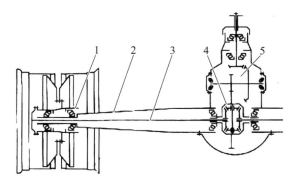

1-轮毂；2-桥壳；3-半轴；4-差速器；5-主减速器

图6-1-1 解放CA1091型汽车驱动桥示意图

主减速器的作用：降低转速、增加扭矩，且改变转矩的传递方向以适应汽车的行驶方向。

差速器的作用：可使左右轮以不同转速旋转，适应汽车转弯及在不平路面上行驶。

半轴的作用:将转矩从差速器传至驱动轮。

桥壳的作用:安装主减速器、差速器等传动装置。

3. 驱动桥的类型　根据结构形式,驱动桥分为整体式驱动桥、断开式驱动桥和转向驱动桥。

(1) 整体式驱动桥:整体式驱动桥也称为非断开式驱动桥,它通过悬架与车架相连,主减速器和半轴装在刚性的整体桥壳内。该形式的车桥和车轮只能随路面的变化而整体上下跳动,车身跳动大。整体式驱动桥多用在货车和部分轿车的后桥上,如东风 EQ1090、北京切诺基等车的驱动桥,如图 6-1-2 所示。

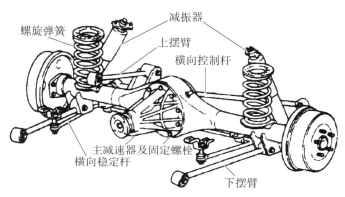

图 6-1-2　采用螺旋弹簧的整体式驱动桥

(2) 断开式驱动桥:断开式驱动桥采用独立悬架,两侧车轮和半轴可以随路面的变化彼此独立地相对于车架上下跳动,主减速器固定在车架上。驱动桥制成分段,并用铰链连接。这样,车身不会随车轮的跳动而跳动,提高了车辆的平顺性和舒适性。断开式驱动桥分为单铰接摆动桥[图 6-1-3(a)]和双铰接摆动桥[图 6-1-3(b)]。

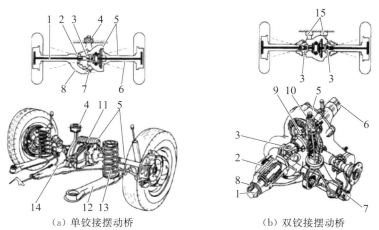

(a) 单铰接摆动桥　　　　(b) 双铰接摆动桥

1-摆动半轴;2-伸缩节;3-万向节;4-主减速器壳弹性固定架;5-半轴套管;6-刚性半轴;7-铰链;8-铰链臂;9-差速器;10-摆动半轴垂直支撑;11-横向补偿弹簧;12-后延臂;13-悬架弹簧;14-传动轴;15-弹性支架

图 6-1-3　断开式驱动桥

（3）转向驱动桥：在前置前驱动（FF）的汽车中，前桥不仅具备转向功能，还兼具驱动任务，因此被称为转向驱动桥（图6-1-4）。

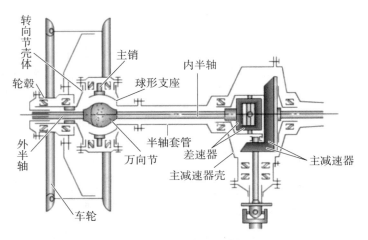

图6-1-4 转向驱动桥

二、工作场所

理实一体化教室或汽车实训室。

三、工作器材

上海大众桑塔纳汽车4辆，汽车驱动桥各种实物配件等。

计划与实施

1. 现场认识 现场认识任务描述中的汽车驱动桥各个部件。

2. 分组学习并回答问题 在教师的引导下分组，以小组为单位学习相关知识，并回答下列问题。

（1）说明汽车驱动桥的作用。

（2）在图6-1-5中标识出汽车驱动桥的主要组成部件。

图6-1-5 汽车驱动桥组成图

3. 分组学习并填写表格　在教师的引导下,以小组为单位学习相关技能,并填写传动系统各部件安装位置。

主减速器

差速器

半轴

评价与反馈

1. 反思性问题　指出下列各部件名称,并口述其主要作用。

2. 拓展性问题　请查阅相关资料,整体式驱动桥与断开式驱动桥有什么优缺点?
3. 操作技能考核　见表6-1-1。

表6-1-1　活动评价表

班级:　　　　组别:　　　　姓名:　　　　学号:

项目	评价内容	评价指标		
		自评	互评	教师评价
关键能力考核项目(30%)	遵守纪律、遵守学习场所管理规定,服从安排(5分)			
	具有安全意识、责任意识、8S管理意识,注重节约、节能环保(5分)			
	学习态度积极主动,能参加实习安排的活动(7分)			
	注重团队合作与沟通,能自主学习及相互协作(8分)			
	仪容仪表符合活动要求(5分)			

续　表

项目	评价内容	评价指标		
		自评	互评	教师评价
专业能力考核项目（70%）	按要求独立完成工作页（40分）			
	工具、设备选择得当，使用符合技术要求（10分）			
	操作规范，符合要求（5分）			
	学习准备充分、齐全（10分）			
	注重工作效率与工作质量（5分）			
总分				
小组评语		组长签名： 　年　　月　　日		
教师评语		教师签名： 　年　　月　　日		

任务描述

　　汽车实训基地接到大一新生参观汽车底盘实训车间的任务,请结合上海大众桑塔纳 1.6 型轿车,辨识该车驱动桥的主要部件,准确讲述主减速器、差速器、半轴、桥壳等的结构与作用。

学习目标

学习任务	知识目标	技能目标	素养目标	思政目标
驱动桥主要零部件的结构与作用	掌握主减速器、差速器、半轴、桥壳等的结构与作用	1. 能够熟练辨识汽车驱动桥各部件; 2. 能够正确讲解汽车驱动桥主要零部件的功用	1. 具有良好的职业道德和职业素养; 2. 具备良好的沟通能力和解决新问题的能力	1. 讲求科学、探索新知; 2. 培养精益求精的工匠精神

　　建议学时:2 学时。

学习准备

一、知识准备

1. 主减速器

1)主减速器的作用和类型

(1)主减速器的主要作用是降低传动轴传来的转速,增大输出扭矩,将动力传递方向改变 90°,使传动轴的左右旋转变为半轴的前后旋转。

(2)按参加减速传动的齿轮副数目分,有单级式主减速器和双级式主减速器,第一级为圆锥齿轮主减速器,第二级为圆柱齿轮主减速器,如图 6-2-1 所示。

　　按传动比分,主减速器有单速式和双速式。前者的传动比是固定的,后者有两个传动比供驾驶员选择,以适应不同行驶条件的需要。

　　按齿轮副结构形式分,主减速器有圆柱齿轮式和圆锥齿轮式(图 6-2-1)。

2)主减速器的构造与工作原理

(1)单级主减速器:单级主减速器由于结构简单、体积小、质量小、传动效率高等优点,可以满足轿车和中型货车动力性的要求,因此在轿车和中型货车中采用较多。其减速传动机构由一对齿轮组成,主传动比为

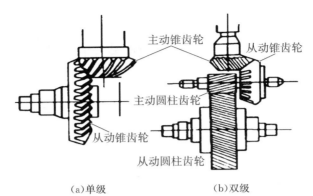

(a)单级　　　　　　　(b)双级

图 6-2-1　单级式和双级式主减速器

$$i_{\circ}=\frac{n_1}{n_2}$$

式中：n_1-主动齿轮转速；n_2-从动齿轮转速。

（2）双级主减速器：当主减速器需要较大的传动比时，如果采用单级主减速器，将造成从动锥齿直径过大，并且降低了从动锥齿轮的刚度，因此需采用双级主减速器。

3）圆锥齿轮主减速器的拆装

（1）拆卸：①对角线交叉分次旋下半轴螺栓，抽出半轴；②用对角线交叉法分次旋下主减速器壳和后桥壳螺栓，卸下主减速器总成；③拆下主动双曲线齿轮连接凸缘及油封座、差速器轴承座，卸下主动双曲线齿轮；④拆下差速器轴承盖，卸下从动双曲线齿轮总成，旋下差速器壳螺栓，分解差速器。

（2）装配：①清洗所有零部件；②组装差速器，装上从动双曲线齿轮和从动齿轮轴承盖，并调整从动齿轮轴承预紧力；③将主动双曲线齿轮和油封座安装在锥齿轮轴承座上，并通过垫片调节主动齿轮轴承预紧力；④安装主动双曲线齿轮，通过调整主动锥齿轮轴承座与主减速器壳体之间垫片和旋动从动锥齿轮两侧螺母来调整主、从动锥齿轮的啮合间隙和啮合印痕；⑤安装主动双曲线齿轮连接凸缘，将主减速器总成同桥壳安装在一起，插上半轴，安装时注意主减速器、差速器的调整垫片的位置和片数。

2. 差速器　差速器是将主减速器传来的动力传给左、右两半轴，并在必要时允许两侧半轴和驱动轮以不同转速旋转。如图 6-2-2 所示，由于转弯时左右车轮行驶的距离不同，差速器就要保证外侧车轮比内侧车轮转动快，否则会加剧轮胎磨损，影响转向性能。

1）普通齿轮式差速器的结构及工作原理

（1）结构：行星锥齿轮差速器如图 6-2-3 所示，由 2 或 4 个行星锥齿轮、十字轴、2 个半轴锥齿轮、差速器壳、球面垫片组成。

图 6-2-2　差速器的作用

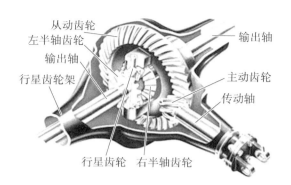

图6-2-3　齿轮式差速器的结构

（2）工作原理：如图6-2-4所示，行星齿轮轴与差速器壳连为一体，由主减速器从动齿轮驱动，为主动件，设其转速为n_0。两个半轴齿轮为从动件，设其转速分别为n_1和n_2。a、b两点是行星齿轮与两个半轴齿轮的啮合点，c点为行星齿轮的中心。a、b、c在一条直线上，与差速器旋转轴线平行。当两侧驱动轮转速相等时，汽车直线行驶，两侧车轮的行驶阻力相等。该阻力通过半轴、半轴齿轮分别作用在两行星齿轮a、b上的力F_1、F_2相等。这时行星齿轮无自转，只随行星齿轮轴及差速器壳一起公转。所以，两半轴无转速差，差速器不起差速作用。

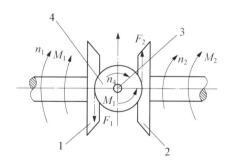

1、2-半轴齿轮；3-行星齿轮；4-行星齿轮轴
图6-2-4　行星锥齿轮差速器转矩分配示意图

当有一侧车轮打滑时，作用在两侧车轮的行驶阻力就不再相同，通过半轴及半轴齿轮反作用于行星齿轮a、b两啮合点的力不再相等。这样，行星齿轮开始绕行星齿轮轴自转，转速为n_0。a侧半轴齿轮转速加快，b侧半轴齿轮转速减慢，这就是差速作用。在汽车转弯或两侧车轮有滑移趋势时，行星齿轮即发生自转，使两侧车轮以不同的转速在地面上滚动。行星锥齿轮差速器的运动特性方程式为

$$n_1 + n_2 = 2n_0$$

表明：两半轴齿轮转速之和始终等于差速器壳转速的2倍，而与行星齿轮自转速度无关；当一侧半轴齿轮的转速为零时，另一侧半轴齿轮的转速为差速器壳转速的2倍；当差速器壳转速为零时，若一侧半轴齿轮受其他外来力矩而转动，则另一侧半轴齿轮以相同的转速反向

转动(图6-2-5)。

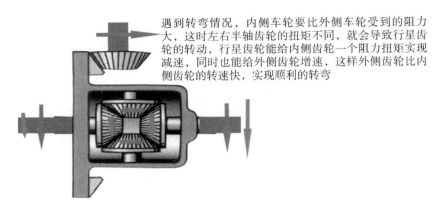

遇到转弯情况，内侧车轮要比外侧车轮受到的阻力大，这时左右半轴齿轮的扭矩不同，就会导致行星齿轮的转动，行星齿轮能给内侧齿轮一个阻力扭矩实现减速，同时也能给外侧齿轮增速，这样外侧齿轮比内侧齿轮的转速快，实现顺利的转弯

图6-2-5 差速器工作原理图

3. 半轴与桥壳

1）半轴：半轴在差速器与驱动轮之间传递较大的转矩，一般为实心轴。半轴的内端一般用花键与半轴齿轮连接，外端与轮毂连接。半轴有刚性轴和万向节连接分段式两种，根据半轴支撑形式的不同，主要有全浮式和半浮式两种。半轴的支撑形式决定了半轴的受力情况。

（1）全浮式半轴：图6-2-6为全浮式半轴支撑形式。这种支撑形式的半轴除受转矩外，两端均不承受任何弯矩，故称为全浮式。全浮式半轴用内端花键与差速器半轴齿轮相连。外端有凸缘盘，通过螺柱与轮毂固定在一起，轮毂通过两排圆锥轴承支撑于桥壳上。全浮式支撑的半轴易于拆装，只需拧下半轴凸缘上的螺钉，即可抽出半轴，而汽车仍由车轮与桥壳支撑。这种支撑形式在汽车上应用最为广泛。

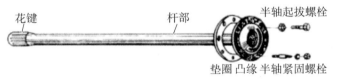

花键　　　　　　杆部　　半轴起拔螺栓

垫圈 凸缘 半轴紧固螺栓

图6-2-6 全浮式半轴

轴承　　　卡簧定位

图6-2-7 半浮式半轴

（2）半浮式半轴：图6-2-7为半浮式半轴支撑形式。车轮的各种反力都经过半轴传给桥壳，使半轴不仅要传递转矩，而且要承受各种反力及其引起的各种弯矩。因这种半轴内端不受弯矩，外端承受全部弯矩，故称为半浮式支撑。半浮式半轴的内端通过花键与半轴齿轮连接，并通过差速器壳支撑在主减速器壳的座孔中。半轴外端通过轴撑直接支承在桥壳内，车轮轮毂通过花键直接固定于半轴外端。

半浮式支撑具有结构紧凑、质量小，但半轴受力情况复杂且拆装不方便等特点。广泛应用于反力、弯矩较小的各类轿车上。

2）桥壳：驱动桥壳在传动系统中的作用是支撑并保护主减速器、差速器和半轴等，使左右驱动车轮的轴向相对位置固定；汽车行驶时，承受由车轮传来的路面反作用力和力矩，并经悬架传给车架。因此，桥壳的强度和刚度要大，质量要小，以方便拆装。

二、工作场所

理实一体化教室或汽车实训室。

三、工作器材

上海大众桑塔纳汽车 4 辆,驱动桥、主减速器、差速器、半轴、桥壳、专用工具等。

计划与实施

1. 现场认识　现场认识任务描述中的汽车驱动桥各个部件的结构与工作原理。

2. 分组学习并回答问题　在教师的引导下分组,以小组为单位学习相关知识,并回答下列问题。

(1) 汽车差速器(图 6-2-8)有哪些类型?

(2) 差速器什么时候差速,差速的原理是什么?

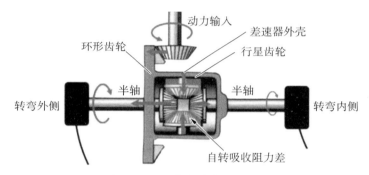

图 6-2-8　汽车差速器原理图

3. 分组学习并填写表格　在教师的引导下,以小组为单位学习相关技能,并填写下列各个部件名称(图 6-2-9)。

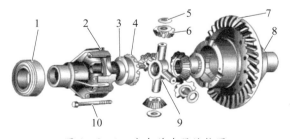

图 6-2-9　汽车差速器结构图

评价与反馈

1. 反思性问题　指出下列汽车驱动桥各部件的名称。

127

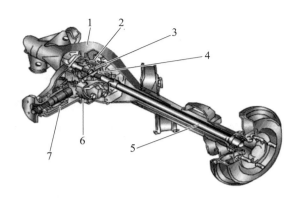

2. 拓展性问题　请查阅相关资料,解释防滑差速器的工作原理。

3. 操作技能考核　见表6-2-1。

表6-2-1　活动评价表

班级:		组别:	姓名:		学号:

项目	评价内容	评价指标		
		自评	互评	教师评价
关键能力考核项目(30%)	遵守纪律、遵守学习场所管理规定,服从安排(5分)			
	具有安全意识、责任意识、8S管理意识,注重节约、节能环保(5分)			
	学习态度积极主动,能参加实习安排的活动(7分)			
	注重团队合作与沟通,能自主学习及相互协作(8分)			
	仪容仪表符合活动要求(5分)			
专业能力考核项目(70%)	按要求独立完成工作页(40分)			
	工具、设备选择得当,使用符合技术要求(10分)			
	操作规范,符合要求(5分)			
	学习准备充分、齐全(10分)			
	注重工作效率与工作质量(5分)			
总分				
小组评语		组长签名: 年　　月　　日		
教师评语		教师签名: 年　　月　　日		

学习任务 3　驱动桥的维修

🚗 任务描述

客户王先生的一辆上海大众桑塔纳 1.6 自动挡型轿车,行驶了 150 000 km,到维修店进行修理。客户反映:当挂挡行驶时驱动桥发出较大响声,而当滑行或低速行驶时响声减弱或消失;有时转弯行驶时也发出较大响声,按直线行驶响声减弱或消失。请按照企业规范要求和汽车运用与维修职业技能等级证书技能培养要求,对驱动桥进行故障分析与维修。

📋 学习目标

学习任务	知识目标	技能目标	素养目标	思政目标
驱动桥的维修	1. 熟悉汽车驱动桥的维护知识; 2. 掌握汽车驱动桥常见故障的原因	1. 能正确选择与使用驱动桥维修的专业工具; 2. 能够正确对驱动桥的常见故障进行维修	1. 具有良好的职业道德和职业素养; 2. 具备 8S 管理意识	1. 培养学生严谨、认真、敬业的工作作风; 2. 培养安全意识、质量意识

建议学时:4 学时。

📖 学习准备

一、知识准备

1. 驱动桥的维护　驱动桥维护的主要项目有紧固螺栓、润滑和密封。

1)经常检查驱动桥各部件紧固螺栓、螺母是否松动或脱落。

2)目测变速器与主减速器有无渗漏,检查油液液面,根据需要添加准双曲面齿轮油。定期更换主减速器的润滑油和轮毂的润滑脂。主减速器为准双曲面齿轮,必须按规定加注准双曲面齿轮油,否则将导致准双曲面齿轮的很快磨损。夏季用 28 号准双曲面齿轮油,冬季用 22 号准双曲面齿轮油。润滑脂为锂基润滑脂 2 号。

3)由于半轴凸缘传递的转矩很大,并且承受冲击负荷,因此必须经常检查半轴螺栓的紧固情况,防止半轴螺栓因松动而断裂。在密封性检查时,若发现半轴油封出现漏油应更换油封。

4)需更换半轴油封时,按以下步骤进行:

(1)放出变速器内的齿轮油。

（2）拆下传动轴，拧下半轴固定螺栓，拉出半轴。

（3）重新装好传动轴。

（4）撬出半轴油封时，在新油封刃口间填充多用途润滑脂，然后用专用工具压入油封。

（5）装入半轴，以20 N·m力矩拧紧其紧固螺栓。

5）新车行驶1500～3000 km时，拆下主减速器总成，清洗减速器桥壳内腔，且更换润滑油，以后每年冬、夏季各换一次。

6）汽车行驶6000～8000 km时，应进行二级维护。维护时应将轮毂拆下，清洗轮毂内腔及轮毂轴承，在轴承内圈滚珠和保持架之间的空隙加满润滑脂，然后装复，按规定调整轮毂轴承。装配时注意检查半轴套管和轴承螺母螺纹是否损坏。如果有严重磕碰或配合间隙过大，就必须更换。检查并补充后桥内的润滑油。检查通气塞，使之保持清洁、畅通。

7）检查等角速万向节防尘罩等有无渗漏和损坏。

2. 驱动桥主要零件的检修

1）主减速器壳

（1）壳体有裂纹应换新件，螺纹损伤超过2牙时，可扩孔重新攻丝。

（2）差速器左、右轴承孔同轴度为0.1 mm。

（3）检查主减速器壳纵轴与横轴的垂直度：当纵轴长度在300 mm以上时为0.16 mm；在300 mm及以下时为0.12 mm；纵、横轴线位置度为0.08 mm。

2）主减速器锥齿轮

（1）若锥齿表面有明显斑点、剥落、破损和磨成阶梯，必须成对更换。

（2）检查主动圆锥齿轮：轮齿锥面的径向网跳动公差为0.05 mm；前后轴承与轴颈、承孔的配合应符合原厂规定；从动锥齿轮的铆钉连接应牢固可靠；用螺栓连接的，连接螺栓的紧固应符合原厂规定，紧固螺栓锁止可靠。

（3）齿轮必须成对更换。

3）差速器

（1）若差速器壳有裂纹，应更换，如图6-3-1(a)所示。

（2）差速器壳、行星齿轮、半轴齿轮及垫片的接触面应光滑，可用砂纸打磨掉小的沟槽，更换新垫片。

（3）若行星齿轮、半轴齿轮有裂纹，工作面有斑点、脱落、缺损，应更换。检测行星齿轮与半轴齿轮的啮合间隙，应为0.05～0.15 mm，否则更换，如图6-3-1(b)所示。

（4）各零件与差速器壳体的配合应符合原厂规定。

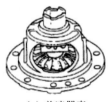
（a）差速器壳

（b）检查行星齿轮与半轴齿轮的啮合间隙

图6-3-1 差速器的检修

4）半轴

（1）用磁力探伤检查半轴，若有裂纹则更换。半轴花键应无变形。

（2）半轴中部径向网跳动误差不得大于 1.3 mm；半轴凸缘内侧端面网跳动应小于 0.15 mm，若过大，可车削端面。花键外网柱面径向网跳动应小于 0.25 mm，否则冷压校正。

（3）半轴花键的配合间隙应小于 0.15 mm。

（4）前驱汽车半轴的作业内容：摇动万向节，径向应无明显的间隙感，否则更换该轴。若防尘套老化破裂或卡箍失效，应更换新件。

5）后桥壳和半轴套管

（1）用磁力探伤检查桥壳和半轴套管裂纹，若有裂纹则更换。若螺纹损伤超过 2 牙，则应修复。

（2）钢板弹簧座定位孔直径磨损应小于 1.5 mm。若磨损过大可以补焊，再在原位置重新钻孔。

（3）整体式桥壳以左、右半轴套管内端轴颈的公共轴线为基准，外端轴颈的同轴度误差超过 0.3 mm 时，应校正到 0.08 mm。

（4）半轴套管与承孔的配合及伸出长度应符合维修手册的规定。若轴承孔磨损严重，可镗至修理尺寸，更换相应尺寸的半轴套管。

（5）若滚动轴承与桥壳的配合松旷，可用刷镀修复承孔。

6）滚动轴承

（1）若轴承的滚动体和滚道有伤痕、剥落、严重斑点、烧损变色，应更换轴承。

（2）若轴承保持架有缺口、裂纹或铆钉松动，应更换轴承。

3. 轮毂的检修

（1）轮毂修理：①轮毂如有裂纹，应更换。若轮毂上的螺纹损伤多于 2 牙，可扩孔重新攻丝，如图 6-3-2 所示；②若轮毂、半轴凸缘、制动鼓端面相对于两端轴承孔公共轴线网跳动超过 0.15 mm，可车削修复或更换；③轮毂轴承孔与轴承的配合应符合规定。若磨损过大，可刷镀或喷焊车削。

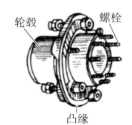

图 6-3-2 轮毂

（2）轮毂安装与调整：汽车轮毂锁紧装置的安装、轮毂轴承的调整大同小异。安装前，清洗、润滑轮毂及轴承。

二级维护时，用锂基润滑脂 2 号充满轴承缝隙。可用专用加注机，也可以边转动轴承边涂抹润滑脂。

如图 6-3-3 所示，边拧紧锁紧螺母，边正反转动轮毂，使轮毂轴承的滚动体与滚道正确配合，用规定力矩拧紧锁紧螺母，然后将锁紧螺母退回规定的圈数，插入定位销。轮毂应能自由转动，无明显轴向间隙。

4. 驱动桥的磨合　驱动桥磨合试验可改善零件配合表面的接触面积和检验修理装配质量。驱动桥的装配质量可从齿轮传动噪声、轴承处温度和漏油三个方面检验。

驱动桥修理装配后，加足润滑油磨合，以 1400～1500 r/min 进行 10 分钟以上正、反转试验，试验时各轴承处的温度小于 25℃，齿轮传动不应有敲击声和漏油现象。试验后清洗

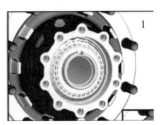　　

　　　（a）安装止推垫圈　　　　　　　　（b）安装锁紧螺母和定位销

图 6-3-3　安装轮毂

后桥壳内，并加注规定的齿轮油。

　　5. 驱动桥常见故障　驱动桥长期承受冲击载荷，会加速各零件的磨损和损坏，产生驱动桥过热、异响和漏油等故障。

　　（1）驱动桥过热：①主减速器壳或驱动桥壳中部有难以忍受的烫手感觉。②原因：齿轮油不足、变质、牌号与规定不符；油封太紧；轴、轴承、齿轮润滑不良；轴承预紧度过大；支撑螺栓与主减速器从动齿轮间隙过小；主减速器齿轮、行星齿轮与半轴齿轮啮合间隙过小。③驱动桥局部过热的检修。油封过紧引起局部过热、轴承损坏或调整不当引起局部过热、支撑螺栓或推力垫片处过热，都可以调整。④驱动桥普遍过热的检修。

　　检查顺序：齿轮油面是否太低；齿轮油性能是否符合要求或齿轮油是否变质；主减速器齿轮啮合间隙是否过小；行星齿轮与半轴齿轮啮合间隙是否过小。

　　检查方法：放松驻车制动器（制动传动轴的车型），变速器挂空挡，来回转动主减速器凸缘盘。若角度过小，则是主减速器齿轮啮合间隙过小引起驱动桥普遍过热；若转动角度正常，则是差速器行星齿轮与半轴齿轮啮合间隙过小引起驱动桥普遍过热。

　　（2）驱动桥异响：①现象：行驶时驱动桥异响，脱挡滑行时异响消失；行驶时驱动桥异响，脱挡滑行时亦有异响；直线行驶时无异响，转向时有异响；上下坡时有异响。②原因：齿轮啮合不良；半轴齿轮与半轴配合花键松旷；轴承过松或过紧；差速器某零部件磨损过度；某齿轮啮合间隙过小或过大；某齿轮啮合印迹不当。

　　（3）驱动桥漏油故障：驱动桥接合面、加油放油口螺塞、油封等处有明显油迹。

　　检修方法：①拧紧或更换加油口、放油口螺塞；疏通通气孔。若堵塞，则会引起桥壳内压力过高，造成漏油。②若油封磨损、硬化、装错方向、油封与轴颈轴线不重合，则更换油封。若油封处轴颈磨损有沟槽，则更换齿轮轴。③若螺栓松动，需紧固，损坏则更换；若接合面变形、不平、有裂纹，垫片太薄或损坏，则更换。

二、工作场所

理实一体化教室或汽车实训室。

三、工作器材

上海大众桑塔纳汽车 4 辆，驱动桥、差速器、轮毂，各种实物配件、专用工具等。

计划与实施

1. 现场维护　现场维护任务描述中的汽车驱动桥各主要零部件。

2. 分组学习并回答问题　在教师的引导下分组，以小组为单位学习相关知识，并回答下列问题。

汽车差速器有哪些故障类型，如何进行检修？

3. 分组学习并填写表格　在教师的引导下，以小组为单位学习相关技能，并分析填写引起汽车驱动桥异响的原因。

驱动桥异响

评价与反馈

1. 反思性问题　驱动桥维护的主要项目有哪些？

2. 拓展性问题　请查阅相关资料，主减速器早期损坏的形式有哪些，引起的原因是什么？

3. 操作技能考核　见表 6-3-1。

表 6-3-1　活动评价表

班级：　　　　　　组别：　　　　　　姓名：　　　　　　学号：

项目	评价内容	评价指标		
		自评	互评	教师评价
关键能力考核项目（30%）	遵守纪律、遵守学习场所管理规定，服从安排（5分）			
	具有安全意识、责任意识、8S 管理意识，注重节约、节能环保（5分）			
	学习态度积极主动，能参加实习安排的活动（7分）			
	注重团队合作与沟通，能自主学习及相互协作（8分）			
专业能力考核项目（70%）	仪容仪表符合活动要求（5分）			
	按要求独立完成工作页（40分）			
	工具、设备选择得当，使用符合技术要求（10分）			
	操作规范，符合要求（5分）			
	学习准备充分、齐全（10分）			

项目	评价内容	评价指标		
		自评	互评	教师评价
	注重工作效率与工作质量(5分)			
总分				
小组评语		组长签名： 年　　月　　日		
教师评语		教师签名： 年　　月　　日		

参考文献

［1］曲英凯,刘成.汽车底盘构造与维修［M］.西安:西安交通大学出版社,2016.

［2］桂长江,刘星.汽车传动系统维修［M］.北京:高等教育出版社,2019.

［3］迟瑞娟,陈清洪.汽车底盘构造与维修［M］.北京:电子工业出版社,2013.

［4］樊永强.汽车传动系统维修［M］.北京:人民交通出版社,2021.

［5］袁苗达,谢越.汽车传动系统检修［M］.北京:机械工业出版社,2017.

图书在版编目(CIP)数据

汽车传动系统故障诊断与维修/鲁学柱,刘欢主编.
上海:复旦大学出版社,2025.1. -- ISBN 978-7-309-
17807-4

Ⅰ. U472.41

中国国家版本馆 CIP 数据核字第 20246YX644 号

汽车传动系统故障诊断与维修
鲁学柱　刘　欢　主编
责任编辑/高　辉

复旦大学出版社有限公司出版发行
上海市国权路 579 号　邮编:200433
网址:fupnet@ fudanpress. com　http://www. fudanpress. com
门市零售:86-21-65102580　　团体订购:86-21-65104505
出版部电话:86-21-65642845
上海四维数字图文有限公司

开本 787 毫米×1092 毫米　1/16　印张 9　字数 202 千字
2025 年 1 月第 1 版
2025 年 1 月第 1 版第 1 次印刷

ISBN 978-7-309-17807-4/U·35
定价:48.00 元